Kurt Wilhelm Bachmann

Neuseeland – Die Besiedlung durch die Maori
Eine anthropogeographische Studie

Bachmann, Kurt Wilhelm: Neuseeland – Die Besiedlung durch die Maori. Eine anthropogeographische Studie **Hamburg, SEVERUS Verlag 2012** **Nachdruck der Originalausgabe von 1931**

ISBN: 978-3-86347-239-9
Druck: SEVERUS Verlag, Hamburg 2012

Der SEVERUS Verlag ist ein Imprint der Diplomica Verlag GmbH.

Bibliografische Information der Deutschen Nationalbibliothek:
Die Deutsche Nationalbibliothek verzeichnet diese Publikation in der Deutschen Nationalbibliografie; detaillierte bibliografische Daten sind im Internet über http://dnb.d-nb.de abrufbar.

Dem Andenken meiner Mutter.

Nachtrag:

Skizze 1, 4 und 5 sind der Monographie E. Best: The Pa Maori, Wellington 1927, S. 39, S. 165, S. 140, entnommen.

Disposition.

Verzeichnis der Skizzen:

Vorwort.

Vorliegende Arbeit ist im Kolonialgeographischen Seminar der Universität Leipzig entstanden. Sie geht auf eine Anregung des Herrn Geh. Hofrat Prof. Dr. Hans Meyer zurück und ist nach dessen Tode bei Prof. Dr. Heinrich Schmitthenner durchgeführt worden. Es ist dem Verfasser eine angenehme Pflicht, beiden an dieser Stelle für hilfsbereite Förderung der Arbeit zu danken. — Die notwendigen Unterlagen verdankt der Verfasser zum großen Teile der Bibliothek des High Commissioner of New Zealand in London. Für wertvolle Anregungen ist er dem früheren deutschen Konsul von Neuseeland, Herrn Karl Joosten, besonders verbunden.

A. Einleitender Teil.

1. Stoff und Methode.

Eine anthropogeographische Untersuchung der Besiedlung eines Landes zerfällt

1. in einen beschreibenden Teil, in dem die geographischen Tatsachen der Besiedlung, der Zustand der Besiedlung zu einem bestimmten Zeitpunkt darzustellen sind, und

2. in einen genetischen Teil, in dem dieser Zustand als etwas Gewordenes betrachtet wird.

Welches sind nun die geographischen Erscheinungsformen der Besiedlung?

In der Besiedlung kommen die Wechselbeziehungen zwischen Mensch und Natur zum Ausdruck. Feste, greifbare Anhaltspunkte für die Besiedlung findet der Geograph im Landschaftsbild, in der Kulturlandschaft, die ihr Gepräge durch die Kulturarbeit des Menschen erhält. Es wird sich also einerseits um die Siedlungen und das Kulturland, ihre Verbreitung und Eigenart in den verschiedenen Siedlungsgebieten des betreffenden Landes handeln, andrerseits um die Kulturarbeit schlechthin, um die Kulturform, um Wirtschaft, Handel und Verkehr, überhaupt um Äußerungen des Völkerlebens, soweit sie im Bilde der Besiedlung in Erscheinung treten und das Wesen der Kulturlandschaft ausmachen.

Der zweite, genetische Teil beschränkt sich keineswegs auf den Nachweis geographischer Bedingtheit der Besiedlung. Denn der endgültige Zustand der Besiedlung, insbesondere der Kulturlandschaft, ist als das Ergebnis des gemeinsamen Wirkens verschiedenartiger Kräfte anzusehen, die geographischer, biologisch-anthropologischer

oder historischer Art sein können. Diese einzelnen ursächlichen Faktoren getrennt zu behandeln, ist unmöglich, da sie, wie schon J. G. Kohl aussprach, „in vielfachem Durcheinandergreifen die menschlichen Verhältnisse gestalten". Der Wirksamkeit aller Ursachen wird
wohl am sichersten Rechnung getragen in einer Betrachtung der verschiedenen, aufeinanderfolgenden Entwicklungsphasen der Besiedlung, als deren Gradmesser uns
der Werdegang der Kulturlandschaft bis zu einem gewissen Grade dienen kann.

Die einzelnen Stadien der Besiedlung ergeben schließlich in ihrer Gesamtheit ein geschlossenes und zugleich
ursächliches Bild der Besiedlung derjenigen Periode, der
unsere Betrachtung speziell gilt.

Für die Untersuchung des alten Neuseeland liegen die
Verhältnisse in stofflich-methodischer Hinsicht nun folgendermaßen:

Unser Thema führt uns zurück in die zweite Hälfte
des 18. Jahrhunderts, als die voreuropäische Zeit mit dem
Eintreffen des englischen Kapitäns Cook an der neuseeländischen Küste 1769 ihren Abschluß fand, und der
europäische Einfluß auf die Besiedlung des alten Neuseeland einzuwirken begann.

In einem ersten Hauptteile ist die Physiognomie der
Kulturlandschaft zu Cooks Zeiten, die Siedlungen und das
Kulturland, weiterhin die Kulturarbeit ihres Schöpfers,
des Maori, zu beschreiben auf Grund des vorhandenen
Beobachtungsmaterials.

In dem zweiten Hauptteil wäre dann nach allen den
Ursachen zu forschen, die jene Erscheinungsformen der
Besiedlung und der alten Kultur herbeigeführt haben; und
dies soll in der Form einer geschichtlichen Entwicklung
der Besiedlung in den verschiedenen, erst festzustellenden
Perioden versucht werden.

Diese Art der Darstellung entspricht der induktiven
Methode in der Geographie. Doch läßt sich die Scheidung der Beschreibung der Tatsachen von der Untersuchung der verschiedenartigen Ursachen praktisch nicht

2

so streng durchführen, als das rein theoretisch scheinen mag. Für die vorliegende Arbeit gilt das Wort Hettners: „Die Feststellung der Tatsachen und die Untersuchung der Ursachen gehen in Wahrheit Hand in Hand, d. h. der Versuch der Erklärung knüpft bald an die Beschreibung an und macht neue Fragestellungen nötig, die zu scharfer Beobachtung und zur Feststellung bisher übersehener Tatsachen führen." (Geogr. Zeitschrift 1921, S. 86.)

2. Quellenkritik.

Die Hauptschwierigkeit der Untersuchung des alten Neuseeland liegt darin, daß es sich um einen längst vergangenen Zustand der Besiedlung handelt. Für die eigentliche voreuropäische Zeit fehlt uns jegliches schriftliche Dokument, da die Maori ein schriftloses Naturvolk waren. Wir sind lediglich auf Rekonstruktion der alten Verhältnisse aus der mündlichen Überlieferung der Maori und aus Beobachtungen späterer Zeiten angewiesen. Denn vor Cooks erster Reise hatten wir nicht einmal Kenntnis von der Existenz der neuseeländischen Inselgruppe, geschweige denn von der Besiedlung, — abgesehen von den spärlichen Beobachtungen Tasmans (1642), die ganz falsche Vorstellungen über die Antipoden erweckten.

Im folgenden soll im Rahmen einer kurzen Geschichte der Erschließung Neuseelands durch die Europäer das Quellenmaterial in großen Linien charakterisiert werden. Von den Entdeckungsreisen des 18. Jahrhunderts, die Neuseeland berührten, sind die drei Reisen Cooks zweifellos die bedeutendsten, vor allem die erste, auf welcher er die neuseeländischen Inseln umsegelte und an verschiedenen Stellen landete. Die Berichte von Cook, das Journal von J. Banks, das zweibändige Werk der beiden Forster, welches das erste geographische, wissenschaftliche Reisewerk überhaupt darstellt, das wir haben, sind für unsere Untersuchung unentbehrlich. Sie sind ganz im Geiste der Aufklärung geschrieben: Das erkennt man einmal an der philanthropen Tendenz, zum andern tritt aber deutlich das Streben nach exakter Beobachtung der tatsächlichen, natürlichen, besonders aber der menschlichen, kulturellen Verhältnisse hervor.

Auf jeder Reise begleiteten Cook bedeutende Gelehrte und außerdem vorgebildete Zeichner, denen wir die ausgezeichneten Illustrationen in den alten Reisewerken verdanken. Ganz im Gegensatze zu Cook und den anderen Forschungsreisenden der alten Zeit verfallen neuere neuseeländische Autoren, die keine Gefahr laufen, zu einem Kannibalenfest aufgespeist zu werden, nur zu leicht in bloße „Maorischwärmerei". Um tiefer in das alte Völkerleben einzudringen, brachte Cook auf seiner ersten Reise z. B. den eingeborenen Priester Tupia von Tahiti nach Neuseeland, der die Rolle eines Dolmetschers und Vermittlers zwischen Europäer und Maori spielte. Durch die Fähigkeit enger, freundlicher Fühlungnahme mit den Wilden unterschied sich Cook von seinem Vorgänger Tasman und ebenso von den französischen Seefahrern, die ungefähr zur selben Zeit wie Cook an der neuseeländischen Küste vor Anker gingen.

Das Bild, das wir nach den alten Reisebeschreibungen von der Besiedlung des alten Neuseeland entwerfen können, ist naturgemäß unvollständig, da manche Gebiete, namentlich das Innere, damals ganz unerforscht blieben. Wir sind deshalb auch für die Darstellung der Besiedlung zu Cooks Zeiten auf spätere Forschungen angewiesen.

Eine gute Beschreibung der Inselbai stammt von John Savage, der 1805 da landete. Wichtige geographische Ergebnisse brachte dann später erst die Forschungsfahrt von Dumont d'Urville. Der Mangel an Literatur um 1800 erklärt sich aus der Art und Weise, in der sich die Anfänge der Europäisierung vollzogen. Abenteurer, desertierte Verbrecher aus den australischen Kolonien, Walfischfänger und Robbenschläger waren keine Vertreter der europäischen Kultur, von denen literarisch viel zu erwarten war.

Erst nach dem Eintreffen europäischer Missionare änderten sich die Verhältnisse. Bei einer ganzen Anzahl von Missionaren und Kolonisten regte sich schließlich das

Mitteilungsbedürfnis, als sie lange Jahre unter den Maori ein abenteuerliches Leben geführt und deren materielle und geistige Kultur gründlich kennengelernt hatten. Einige klassische Schilderungen des „Old New Zealand" sind aus dieser Zeit hervorgegangen. Viele Missionare und Kolonisten haben die Traditionen der Maoristämme gesammelt. Dadurch ist es uns möglich geworden, den Werdegang der Besiedlung Neuseelands durch die Maori zu ergründen. Die hervorragende Kenntnis der Maori, besonders der gebildeten Klasse, von der Vergangenheit ihres Volkes hat die Europäer geradezu in Erstaunen gesetzt. Durch viele Jahrhunderte hindurch ist die Maoritradition von Generation zu Generation als heiliges Erbgut mündlich überliefert worden. Je weiter wir naturgemäß in der Traditionsgeschichte der Maori zeitlich zurückgehen, desto schwieriger ist es, Geschichte und Mythos zu scheiden. Die Maori verehrten ihre Ahnen als Götter, die — ähnlich unseren alten Sagenhelden — die heroischsten Taten vollbracht haben. Schirren (87) sprach aus diesem Grunde der Tradition der Polynesier jeden geschichtlichen Wert ab. Dieser Standpunkt wird heute nicht mehr vertreten. Trotz der vielen Widersprüche in der Tradition kann man zumindest aus ihr bestimmte, stark hervortretende Tendenzen der Völkerbewegungen herauslesen, Wanderungen der Stämme feststellen und Wege und Richtung der Wanderbewegungen verfolgen. Außerdem aber spiegeln sich in den Vorstellungen der Maori von den Taten ihrer Vorfahren ihre eigene Lebens- und Denkweise.

Die wissenschaftliche Erforschung Neuseelands beginnt eigentlich erst, als die Kolonisation systematische Formen annimmt. Drei deutsche Namen sind hiermit eng verknüpft: E. Dieffenbach (1839—41), Julius von Haast (1860—76), F. von Hochstetter (1859). Ihre Forschungen machen uns allerdings mehr mit der Natur als mit der Besiedlung durch die Maori bekannt, die damals schon unter starkem europäischen Einfluß stand. Doch zeigen bereits die Werke v. Haasts und v. Hochstetters, in welcher Richtung sich die anthropogeographische Forschung von nun an bewegt: Die archäologischen Untersuchungen nehmen ihren Anfang. Die Traditionen werden daneben weiter gesammelt, geordnet und gedruckt, worum sich die beiden wissenschaftlichen Zeitschriften

1. Journal of the Polynesian Society,
2. Transactions and Proceedings of the New Zealand Institute,

besonders verdient gemacht haben.

Am wenigsten gibt uns die heutige Besiedlung Neuseelands durch die Maori Anhaltspunkte für die voreuropäische Zeit. Wohl können wir uns auf Grund der heute noch lebenden 50000 reinblütigen Maori einen Begriff von der anthropologischen Eigenart der Rasse machen, die Neuseeland einst in alleinigem Besitz hatte, wohl können die Reste der ehemaligen Naturlandschaft die richtige Vorstellung von dem alten Naturmilieu in uns erwecken, in dem sich der Maori bewegte. Von der alten Besiedlung aber erfahren wir heute uns bisher unbekannte Tatsachen höchstens aus archäologischen Forschungen. Der neue beherrschende Faktor in der anthropogeographischen Erforschung Neuseelands ist seit jener Zeit die Archäologie. Man merkte, daß die europäische Kultur den alten Kulturzustand mit einem Schlage hinweggefegt hatte, ohne daß dieser nur annähernd aufgezeichnet worden war.

Die Maori verließen ihre Bergsiedlungen, die gegen Feuerwaffen zwecklos waren, und gaben ihre Gartenkultur auf. Bald legten nur noch Ruinen von den alten Festungen Zeugnis ab. Funde von Werkzeugen, Waffen, Knochen usw. aus europäischer Zeit waren schon lange vor dem Wirken vorgebildeter Archäologen gemacht, jedoch ihr Wert nicht erkannt und die Fundumstände nicht beobachtet worden. In der Erkenntnis der mangelhaften, anthropogeographischen Erforschung des alten Neuseeland in früherer Zeit suchte man nun, vor allem in den letzten Jahrzehnten, das Versäumte durch systematische Forschungsarbeit an alten Siedlungsstätten nachzuholen. Besonders hat E. B e s t, die Autorität auf dem Gebiete der Maorikulturforschung, in dieser Beziehung viel geleistet (7; 12; 13). Oft läßt sich sehr schwer entscheiden, ob die nachgewiesenen Siedlungsreste (Wälle, Graben, Terrassen) in voreuropäische Zeit zu datieren sind. Der bekannte Missionar T. G. H a m m o n d warnt vor der Überschätzung des Alters alter Funde in Neuseeland. Er machte die Beobachtung, daß alte, verlassene und verfallene Siedlungen den Eindruck prähistorischen Alters erweckten, während sich alte Eingeborene noch lebhaft der Zeiten erinnern konnten, als diese Festungen von Maoristämmen bewohnt waren. Durch das schnelle, üppige Wachstum der neuseeländischen Vegetation sind in verhältnismäßig kurzer Frist alte Kulturstätten überwuchert worden und verleiten leicht zu Fehlschlüssen in der Datierung. Dasselbe gilt für alte Wohnstätten an der Küste, die durch Flugsand verweht worden sind (51: 27/28).

Nur durch Vergleich aller Forschungen und Beobachtungen können wir uns ein hinreichendes, anthropogeographisches Bild vom alten Neuseeland verschaffen.

3. Geographische Skizze.

Neuseeland liegt im südwestlichen Pazifischen Ozean zwischen ca. 34⁰ und 47⁰ südl. Br. und 167⁰ und 178⁰ östl. L. ganz isoliert und durch weite Meeresregionen getrennt von anderen Landgebieten. Es wird von der Nord- und Südinsel und der bedeutend kleineren Stewartinsel im äußersten Süden gebildet, die voneinander durch die Cook- bzw. Foveauxstraße getrennt sind. Außerdem sind die Chathaminseln aus bestimmten Gründen trotz ihrer großen Entfernung von Neuseeland in die Betrachtung einzubeziehen. Mit einer Flächenausdehnung von ungefähr 270 000 qkm kommt Neuseeland an Größe Italien sehr nahe, mit dem es auch die Gestalt eines Stiefels gemein hat.

Der Verlauf der Küstenlinie ist auf der S-Insel einfach; die ganze Westseite ist eine Steilküste, die in ihrem Südteil durch steilumrandete Fjords stark gegliedert ist. Die Ostküste dagegen ist flach; ihre Gleichförmigkeit wird allein durch die vulkanischen Otago- und Banks-Halbinseln unterbrochen. Die Nordküste der S-Insel an der Cook-Straße ist in ihrer östlichen Hälfte durch weit ins Land dringende „Sounds" sehr zerrissen. An sie schließt sich westlich die weite Tasman-Bai an.

Die Nordinsel zeigt einen ganz anderen Charakter der Küstengestaltung, was schon in den Halbinseln, welche die vier großen Eckpfeiler der N-Insel bilden, und in den verschiedenartigsten Buchten zum Ausdruck kommt. Es fallen namentlich die gewaltigen, halbkreisförmigen Buchten auf, wie die Plenty-Bai im NO, die Hawke-Bai im O und die langgedehnte Bucht im S, die vom Mt. Wellington bis zu der südöstlichen Verengung der Cook-Straße reicht.

Am reichsten ist die N-Auckland-Halbinsel gegliedert. Die ganze nordöstliche Küste von Auckland bis zum N-Kap entlang reiht sich Bucht an Bucht, meist ertrunkene Täler, welche tief und schmal in das Land eindringen. Der Firth of Thames ist ein Graben, der sich noch weit in das Land erstreckt und die Talniederungen der Thames umfaßt. An der glatt verlaufenden Westseite der nördlichen Halbinsel sind die Eingänge zu den weiten Buchten durch Sandbarren sehr verengt, was auf den Einfluß der starken westlichen Winde zurückzuführen ist. Die Taranakiküste, die sich im S anschließt, ist eine typische, zerrissene Kliffküste. Die Südküste der N-Insel an der Cook-Straße wird durch den Nicholson-Hafen (Wellington) und die Palliserbucht, d. h. durch die untergetauchten Täler des Hutt- bezw. Wairarapa-Flusses gegliedert.

Orographischer Überblick. Den Hauptcharakterzug der überaus mannigfaltigen Oberflächengestalt Neuseelands bildet ein altes, gewaltiges Faltengebirge, das mit vielen Höhenunterschieden die Inselgruppe durchstreicht und ihr Rückgrat darstellt. In den Südprovinzen der S-Insel ist es von seiner Hauptrichtung abgebogen und in eine Reihe von südöstlich streichenden Faltenzügen aufgelöst, die das Otago-Gebirge bilden, an das sich im Westen das Plateau des Fjordgebietes anschließt. In dem mittleren Teile der S-Insel rückt die Gebirgsmauer nahe an die Westküste heran und erhebt sich von dem nur 523 m hohen Haastpaß in 44° südl. Br. an zu den Eisregionen der südlichen Alpen (Mt. Cook 3768 m). Dem Steilabfall der Alpen nach W ist die schmale Westlandebene vorgelagert; die östliche, flache Abdachung dagegen geht in die weiten Canterbury-Ebenen über, die sich bis zum Fuße der Banks-Halbinsel erstrecken. Im nördlichen Teil der S-Insel senkt sich der Gebirgskamm beträchtlich. Die Südlichen Alpen gabeln sich in den Provinzen Nelson und Marlborough in ein westliches und östliches Gebirgsland, die in die Collingwood-Halbinsel und das Sundgebiet auslaufen und die alluviale Waimea-Ebene und das Waimea-Hügelland einschließen.

Auf der N-Insel setzt sich das alte Grundgebirge fort, allerdings in viel geringerer Höhe. Es verzweigt sich in zwei getrennte Züge, die parallel zu den Küsten laufen und an deren Enden sich die drei großen Halbinseln im NW, O und SW ansetzen. Zu der östlichen Fortsetzung, die in gerader Linie von der Cook-Straße nach dem Ostkap läuft, gehören die Rimutaka-, Tararua-, Ruahine-, Raukumara-Gebirgsschollen. Ihre Höhe variiert von 900 bis 1800 m. Die nordwestliche Verzweigung des alten Gebirges auf der N-Auckland-Halbinsel kommt landschaftlich fast nicht zur Geltung, ist vielmehr durch vulkanische Bildungen stark durchsetzt und überdeckt. Diese machen überhaupt den orographisch-landschaftlichen Charakter der N-Insel aus. Im Gegensatz zur Südinsel ist die N-Insel ein „wahrhaft klassischer Boden für vulkanische Phänomene" (58:78). Gewaltige vulkanische Kegelberge erheben ihre Häupter bis in die Regionen des ewigen Schnees, wie der Mt. Egmont, der südwestliche Eckpfeiler der N-Insel, und die riesenhaften Kegel Tongariro und Ruapehu im Zentrum der N-Insel. In den vulkanischen Zonen der N-Auckland-Halbinsel finden sich dagegen eine Unmenge vulkanischer Kegel kleinsten Maßstabes, von denen aus sich weite Lavafelder nach der Küste zu erstrecken. Das ganze Innere der N-Insel wird von dem ausgedehnten vulkanischen Zentralplateau eingenommen, in dessen Mitte der gewaltige Tauposee eingebrochen ist. Es besteht in der Hauptsache aus Bimsstein- und Tuffmaterial und macht durch die tief eingeschnittenen, zerklüfteten Täler einen recht wilden, gebirgigen Eindruck.

Auf der Abdachung des Plateaus nach der Plenty-Bai liegt das sogenannte Seengebiet (Lake Distrikt) von Rotorua (282 m ü. M.). Die vulkanischen Kräfte, welche seit dem Ende des Tertiärs ununterbrochen die Physiognomie der N-Insel umgestaltet haben, äußern sich hier noch heute in einer großen Zahl heißer Quellen, Geysern, heißen und kalten Seen, die durch Einbrüche entstanden sind, Sinterterrassen, Schlammvulkanen usw.

Die stark terrassierten Flußtäler des Waikato, Waipa und der Thames führen nach N zu ausgedehnten, aus Bimssteingeröll bestehenden Talniederungen und Beckenschaften (Waikatobecken).

Klimatische Verhältnisse. Der durchaus insulare Charakter Neuseelands läßt von vornherein auf ein ausgesprochenes Seeklima mit geringen Temperaturschwankungen und mit Niederschlägen zu allen Jahreszeiten schließen.

Doch sind beachtenswerte Klimaunterschiede da, Unterschiede zwischen dem N und S, zwischen den Küsten- und Binnengebieten, selbst wenn wir die Südlichen Alpen außer Betracht lassen.

Temperatur. Die Erstreckung der Inselgruppe über 13 Breitengrade bedingt einen beachtlichen Temperaturunterschied zwischen den nördlichen und südlichen Provinzen. Die mittleren jährlichen Temperaturen nehmen von N nach S stetig ab, von 15,1 ^{0} in Auckland, das nicht einmal im äußersten N liegt, bis 10 ^{0} in Invercargill. Dieselbe Tendenz zeigen die mittleren Maxima und Minima im Jahre. Je weiter wir uns von den Küstenzonen nach dem Inneren (z. B. der Taupozone) entfernen, desto weniger kommt der ausgleichende Einfluß des Meeres zur Geltung. Die täglichen und jahreszeitlichen Temperaturschwankungen sind an der Küste viel geringer als im Innern, wo starke Fröste zuweilen auftreten (Rotorua: -6^0).

Gewaltige empfindliche Temperaturstürze bei plötzlichen Winddrehungen sind keineswegs eine Seltenheit. Wellington an der Cook-Straße ist wegen seines unberechenbaren Wetters bekannt.

Niederschläge. Die Niederschläge sind dem Seeklima entsprechend in ganz Neuseeland ziemlich reich und über das ganze Jahr verteilt. In N-Auckland haben wir Etesienklima mit einer Regenperiode im Winter. Die Verteilung der Niederschläge ist von den Winden und der Oberflächengestalt des Landes abhängig. An der steilen Mauer der Südlichen Alpen, die eine scharfe Klimascheide zwischen dem W und dem O bilden, regnen sich die feuchten W- und NW-Winde ab und wehen als trocken-warmer Föhn über die östlichen Ebenen. Auf der N-Insel sind die Niederschläge entsprechend dem gleichförmigen Relief viel gleichmäßiger verteilt, einzelne Bergkuppen ausgenommen.

Im Winter treten oft östliche, besonders südöstliche, kalte Winde auf, die heftige Regen- und Schneestürme bringen und vor allem die O-Küste der S-Insel und die Cook-Straße, „the windpipe of the Pacific", heimsuchen.

Charakteristisch für das Klima Neuseelands ist der Gegensatz des subtropischen N und des gemäßigten S, die zwei klimatische Provinzen mit verschiedenen Bedingungen für die Besiedlung darstellen. Die Abgrenzung zwischen beiden läuft im allgemeinen wie bei der Orographie auf eine Trennung der beiden Hauptinseln hinaus. Der N der S-Insel gehört jedoch eher zur nördlichen Klimaprovinz, da die tief eingeschnittenen Buchten des Sundgebietes und die gegen Stürme geschützte Tasman-Bai mit der Waimea-Ebene noch günstigere klimatische

Verhältnisse aufweisen als das stürmische Südende der N-Insel. Südlich der 8° Isotherme des kühlsten Monats, welche diese nördlichen Küstengebiete der S-Insel von der übrigen S-Insel abschneidet, macht sich jedoch der gemäßigte Klimacharakter durch den Einfluß der Alpen und der südlichen Breitenlage stark geltend.

Vegetation und Landschaften. Dank der langen, isolierten Lage Neuseelands während seiner geologischen Vergangenheit sind $2/3$ aller Pflanzen Neuseelands endemisch. Innerhalb der neuseeländischen, botanisch-pflanzengeographischen Provinz bedingt nun das wechselvolle orographische und klimatische Bild Neuseelands eine Anzahl verschiedener Vegetationsformationen. Besonders tritt der Gegensatz von Wald zu offener Landschaft deutlich zutage.

Der Norden zeigt noch starke Anklänge an die tropisch-malaische Pflanzenwelt; nach S zu nimmt die Flora immer mehr gemäßigten und subantarktischen Charakter an, besonders in den höheren Lagen. Die Palmengrenze — es handelt sich um die Kentia-Palme — durchläuft quer die S-Insel in der Breite der Banks-Halbinsel.

Der Wald ist die in Neuseeland am weitesten verbreitete Vegetationsformation. Alle regenreichen Distrikte sind mit Urwald bekleidet, so besonders die Westabhänge der Gebirge und die vorgelagerten Flachländer.

Neuseeland liegt zwar in der suptropisch-gemäßigten Zone; das feuchte, milde Seeklima hat aber einen fast tropischen Pflanzenwuchs ermöglicht. Hochstetter sagt: „Während die Nikaupalmen und die Farnbäume durch ihre Formen an tropischen Urwald erinnern, so verdankt der neuseeländische Wald seine tropenartige Fülle den zahllosen Schmarotzergewächsen, Farnen, Pandaneen und Orchideen, welche Äste und Stämme bedecken, und den Schlingpflanzen, welche den Boden verstricken und lianenartig sich in die höchsten Bäume schlingen. Dadurch wird der Urwald zu einem undurchdringlichen Dickicht, das mit dem Messer oder Schwert durchhauen werden muß für jeden Schritt." (57:147.)

Der neuseeländische Wald ist meist ein immergrüner Mischwald im wahrsten Sinne des Wortes, erscheint aber trotzdem von außen als eine einförmige, braungrüne Masse, was uns an tropischen Urwald erinnert; wie bei diesem steht man vor einer unruhigen Profillinie (30: 66).

Charakteristische Bäume des neuseeländischen Mischwaldes sind verschiedene Eiben, wie die Totara, Matai, Rimu u. a., alles hochgewachsene Waldbäume. Unter den vielen anderen Baumarten treten vor allem die pappelähnliche Rewarewa (Knightia excelsa) und der zu den Myrtaceen zählende Ratabaum hervor, die sich in gewaltiger Höhe über das dichte Unterholz erheben.

Die Hauptzierde des neuseeländischen Urwaldes aber sind zweifellos die mannigfachen Farngewächse: die herrlichen, zehn Meter hohen Farnbäume mit riesigen, feingefiederten Blättern, die Farnkräuter, die in den Ästen und Zweigen der Bäume wuchern oder weithin den Waldboden bedecken.

Nur wenige Bäume bilden reine Bestände in Neuseeland; das sind die Kaurifichte im N der N-Insel, die Kahikateafichte an sumpfigen Flußufern und schließlich die Nothofagus-Buche, die an der Westseite der S-Insel oberhalb der Urwaldregion einen schmalen Waldstreifen bildet.

Besondere Erwähnung verdienen die Kauriwälder des Nordens. Sie beschränken sich in der Hauptsache auf die nordwestliche Auckland-Halbinsel. Zwar bildet die Kaurifichte (Agathis australis) keine andere Waldbäume ganz ausschließenden Wälder; das Charakteristische an ihr ist aber, daß sie s t e t s gesellschaftlich in Gruppen und Waldungen vorkommt. Wie die Säulen in den Hallen eines Domes erheben sich die Kaurifichten nebeneinander, alle von gleicher gewaltiger Höhe, gleichem Umfange, gleichem Alter, und überragen mit ihrer schirmförmigen Krone das Unterholz ganz beträchtlich. Durch das Abholzen der wertvollen Waldungen, die sich niemals regenerieren, sind heute an Stelle der stattlichen Kauriwälder öde Heideflächen getreten, in denen man mühselig nach dem Kauriharz gräbt. Die Kaurifichte wächst in der Nähe der Küste auf trockenem Tonboden, auf dem sonst nichts als Farnheide gedeiht. (57:137f.)

Die Verbreitung des neuseeländischen Waldes ist dem Klima und Boden angepaßt. Auf der N-Insel ist er ziemlich gleichmäßig verteilt. Vor der europäischen Kolonisation ließ er nur einen schmalen, offenen Streifen an den Küsten frei, so an der Taranakiküste und den Buchten und Häfen der Ostküsten der N-Insel (94:201). Außerdem bildete das zentrale Bimssteinplateau zu einem großen Teile eine offene Landschaft.

Viel krasser ist der Gegensatz der Vegetation auf der Südinsel. An dem regenreichen unteren Westabhange der Alpen und in der Westland-Ebene finden wir die üppigste Waldvegetation vor; in mehr oder minder breitem Bande erstreckt sich der Urwald von den Küsten der Cook-Straße an der Westküste entlang bis ins Fjordgebiet. Es ist erstaunlich, zu welcher Entfaltung der Regenwald in diesen gemäßigten Breiten gelangt; nur in der Zahl der Elemente steht er den Wäldern der N-Insel nach. Ganz anders der O der S-Insel. Nur wenige, durch reichliche Niederschläge lokal begünstigte Gebiete wie die Bank-Halbinsel und der Süden Otagos und Southlands haben teilweise Waldvegetation.

Was nun die offenen Landschaften anbelangt, so haben wir es in Neuseeland mit einem „Graslande" von ganz eigenartigem Typus zu tun. Vor der europäischen Invasion fehlten Neuseeland unsere rasenbildenden Gräser und damit das bunte Bild unserer Wiesen- und Auenlandschaften. Das offene Land war einst mit Tussockgras, Heide, Buch- und Gestrüppvegetation bedeckt. In den Canterbury-Ebenen im O der S-Insel dehnten sich weite Tussocksteppen aus, die in ihrer bräunlich- gelben Färbung wie unermeßliche Ährenfelder anmuten. Es sind aber getrennte Büschelstöcke schilfartiger Gräser bis zu einer Höhe von einem Meter (53:22).

Auf der N-Insel sind es einförmige Farnheiden und Strauchformationen, die den offenen Landschaften das

Gepräge geben. Wie im Walde, so spielen auch hier die Farne eine Hauptrolle. „Pteris esculenta, unserem Adlerfarne ähnlich, bedeckt fast alles offene Land in Berg und Tal, auf Höhen und Niederungen, wo nicht Sumpf an die Stelle tritt. Auf fruchtbarem Boden wächst es mannshoch und nur mühsam arbeitet man sich durch das Dickicht." (57: 414.)

Außer dem Farne bildet vor allem Manuka-Buschwerk (Myrtengewächse) die Vegetation der offenen Landschaft. Nach Heim bedeckt es auf Tagreisenweite die vulkanischen Tufflächen der N-Insel (53: 23). Diese immergrünen Buschheiden sind schmutzig-braungrün und verleihen der Landschaft ein ödes, trauriges Aussehen (291: 330).

An feuchten Orten steht vereinzelt der „Grasbaum", auch „Kohlpalme" genannt, eine baumartige Liliazee (Cordyline australis). Eine andere Charakterpflanze ist der sog. neuseeländische Flachs (Phormium tenax). Sein lebhaftes Grün hebt sich auf feuchtem Boden von der eintönigen Umgebung ab. Für die Maori hat die Pflanze große wirtschaftliche Bedeutung gehabt.

Kein zweites Land der Erde vereint auf so engem Raume so verschiedene Landschaften wie Neuseeland. Gewaltige Kettengebirgsmassive, die neuseeländischen Alpen, isolierte Berge, teils von riesigen Ausmaßen, teils nur Miniaturformen vulkanischer Kegelbildungen, niedere Mittelgebirge und Hügelländer, Rias-, Fjord- und Kliffküstenlandschaften, mit Urwald bedeckte und offene Küstenebenen, ausgedehnte Plateaus und weite Talniederungen grenzen hart aneinander und bilden ganz verschiedene Grundlagen für die Besiedlung durch den Menschen.

Tierwelt. In voreuropäischer Zeit waren zwei Fledermausarten, eine Ratte (Kiore-maori) und ein Hund (Kuri) die einzigen Landsäugetiere in Neuseeland. Viel artenreicher ist die Vogelfauna Neuseelands. Zahllose Vögel bevölkern die Wälder (Tauben, Papageien) und Sümpfe und Seen (Entenarten). Charakteristisch für Neuseeland sind die flügellosen Laufvögel. Der Moa (Dinornis), der größte Vogel der Welt, war schon lange vor der Ankunft der Europäer ausgestorben. Er war bis über 4 m hoch. Kleinere Arten der flugunfähigen Laufvögel, Kiwi und Weka, haben sich jedoch erhalten. Die Küstengewässer sind reich an Fischen, die Binnengewässer an Aalen. Süßwasserfische treten stark zurück. Von den artenarmen Reptilien Neuseelands ist die Eidechse Hatteria punctata eine eigenartige Erscheinung, die durch ihre vogelartig gebildeten Rippen an die triassischen Eidechsen erinnert und wie die Vogel- und Pflanzenwelt Neuseelands auf eine lange Isolierung der Inselgruppe schließen läßt.

B. Hauptteil I.
Die Besiedlung Neuseelands am Ende der voreuropäischen Zeit.

1. Allgemeiner Überblick
über die eingeborne Bevölkerung.

a) Die rassenmäßige Zusammensetzung der Maori.

Schon die ersten Europäer, die neuseeländischen Boden betraten, erkannten, daß die Eingeborenen keine einheitliche Rasse bildeten, sondern verschiedene Rassenelemente in sich vereinigten. So unterscheidet der Franzose Crozet drei verschiedene Typen der Maori:

1. einen Typ von heller Hautfarbe wie der des Südeuropäers, schwarzem, straffem Haar und großer Statur. Dieser Typ bildete das Hauptelement in der Zusammensetzung der Maoribevölkerung;

2. einem Typ von brauner Farbe, aber von kleinerem Wuchse und leicht gekräuseltem Haar;

3. „wahre Neger" mit wolligem Haar, starkem Bartwuchs und kleiner Gestalt (25:28).

Crozet sah auch einige Eingeborene mit rotem Haar. (25:66.) Das war ein Typ, der von den Maori „urukehu" genannt wurde. Er zeichnete sich zugleich durch hellere Hautfarbe aus (24: 36/37).

Mit diesen Beobachtungen stimmen im großen und ganzen die anthropologischen, besonders die kraniometrischen Forschungen überein. John H. Scott stellt zwei Extreme von Maorischädeln gegenüber, den polynesischen und melanesischen. Zwischen diesen beiden Extremen gab es naturgemäß unendlich viele Mischtypen und Übergangsformen (TP 26: 62). Wilhelm Volz unterscheidet drei Rassenelemente: das australoide, melanesische und polynesische Element (99: 43, 56). Auffällig ist die Tatsache, daß der melanesisch-australoide Einschlag von N nach S immer mehr zurücktritt (32: 382). Die für die Maori charakteristische Form des Schaukelunterkiefers ist nach Mollison nicht als ein Merkmal primitiver Rassen aufzufassen, da sie bei Melanesiern und Papuas seltener auftritt (72 : 569).

b) Die Stammesorganisation der Maori.

Zu Beginn der europäischen Kolonisation war die Maoribevölkerung in zahlreiche Stämme (iwi) zersplittert. Größere staatliche Formen waren gewisse Stammesverbände (waka). Diese trugen die Namen alter, historischer Kanus (Tainui, Arawa, Aoetea usw.), in denen verschiedene Stammväter einst eingewandert sein sollen (38: 101). Die ganze N-Insel ließe sich nach E. Best in solche „canoe-districts" zergliedern. (101: 64). Doch waren diese Stammesverbände nur locker zusammengehalten. Die einzelnen iwi bekriegten sich oft gegenseitig, so daß der Stamm unter der Oberhoheit eines Häuptlings im Grunde die höchste, feste staatliche Form im alten Neuseeland war (38: 101). Jeder Stamm (iwi) setzte sich nun aus mehr oder weniger Unterstämmen (hapu) zusammen. Ein, teilweise auch mehrere Unterstämme hatten eine gemeinsame Siedlung. Jeder hapu zerfiel seinerseits in kleinere, blutsverwandte Großfamilien (whanau) (14: 3; 38: 96/97). Er war eine soziale Einheit, in sich fest geschlossen durch Blutsverwandtschaft und durch eine streng durchgeführte Arbeitsorganisation, wobei die Einrichtung der „Bittarbeit" eine große Rolle spielte. Man bat die Nachbarn unter Zeremonien um Mitarbeit in den Gärten, beim Bau von Kanus und Häusern, bei der Herstellung von Fischnetzen, beim Fischfang auf hoher See usw. Unter rhythmischen Liedern gingen die gemeinsamen Arbeiten flott von statten. In besonderen Arbeitshäusern und Schulen wurden die Maori von Jugend auf in allen Wirtschaftszweigen ausgebildet und zu gemeinsamer Arbeit erzogen, die das ganze soziale und wirtschaftliche Leben im alten Neuseeland charakterisierte (14: 39—51).

2. Die Kulturlandschaft.

a) Allgemeines.

Den Begriff der „Kulturlandschaft" müssen wir im weitesten Sinne des Wortes verstehen. Es kann uns nicht wundern, daß ein Naturvolk wie die Maori auf die Landschaft Neuseelands — im Verhältnis zu der mit der Invasion der Europäer beginnenden starken Umgestaltung des Landschaftsbildes — recht geringfügigen Einfluß gehabt hat. Bei der Betrachtung der Kulturlandschaft des alten Neuseeland wollen wir uns nicht auf die Siedlungen und das bewirtschaftete Land beschränken. Obwohl diese — als feste, greifbare Bestandteile der Landschaft — natürlich in den Vordergrund zu stellen sind, so zwingen uns doch die Kulturverhältnisse des alten Neuseeland, darüber hinauszugehen und besonders charakteristische Szenen aus dem Völkerleben zu schildern.

Gerade der Maori war, auch wenn wir von seinen Siedlungen und Anbaugebieten absehen, mit dem neuseeländischen Boden so eng verknüpft, daß man sich das alte Neuseeland schwerlich ohne ihn vorstellen kann. In den alten Reisebeschreibungen über Neuseeland finden wir kaum eine Landschaftsschilderung, in der nicht die „Indianer", wie die Maori zu Cooks Zeiten genannt wurden, eine besondere Rolle spielten. Es mochte sich um einen Hafen oder eine weite Bucht, um eine flache oder felsige, an Klippen reiche Küstenlandschaft, um steile Inseln oder um einen zwischen hohen, bewaldeten Ufern dahinfließenden Fluß handeln, — stets ward das Landschaftsbild belebt durch am Strande versammelte Maori, die mit Äxten und Keulen bewaffnet waren, durch eine Anzahl von Fischerkähnen oder gar durch jene gewaltigen Kriegskanus (s. Bild 21 III : 52), von denen uns von Hochstetter eine glänzende Schilderung gegeben hat: „Der Anblick eines solchen vollständig bemannten und festlich aufgeschmückten Kriegskanus, wenn es unter dem gleichmäßigen Schlag von 60 oder noch mehr Rudern und unter dem Rhythmus der wilden Rudergesänge fast mit der Schnelligkeit eines Dampfbootes dahinschießt, macht einen imposanten, aber auch unheimlich wilden Eindruck. Es sieht aus wie ein Körper mit hundert Armen und hundert Füßen, an dem alles lebt und zuckt — wie ein riesiger Tausendfüßler des Wassers" (57: 163).

Solche Kulturbilder erwecken in uns ein anschauliches und lebendiges Bild von dem alten Neuseeland.

b) Die Siedlungen.

Die Siedlungen sind für die Physiognomie der Kulturlandschaft ein ausschlaggebender Faktor. Für das alte Neuseeland läßt sich kein einheitlicher Siedlungstyp festlegen. Die Maori unterschieden terminologisch ihre Siedlungen nach den Funktionen, denen sie dienen sollten:

1. die Pas, die befestigten Siedlungen,
2. die Kainga, die offenen Siedlungen (ohne Festungswerke).

Pa bedeutet in der Maorisprache allgemein Hindernis, Absperrung, Kainga dagegen Wohnplatz (10 II : 304; 31 : 332).

Ein Stamm oder Unterstamm besaß Pa und Kainga, die voneinander mehr oder weniger entfernt lagen. Wenn Gefahr seitens der Feinde drohte, zogen sich die Bewohner von der Kainga in den Pa, die Fliehburg, zurück (10 II : 304/5). Kapitän C r u i s e, der 1820 in Neuseeland war, schildert die Maorisiedlung Magoia (Mokoia in der

Nähe Aucklands, 13: 19), woraus die Lage der Kainga zum Pa deutlich hervorgeht, ungefähr folgendermaßen (26: 215/16): Dieses Dorf (Kainga) lag fünf Meilen aufwärts von der Mündung des Flusses. Der Siedlungsraum war durch Zäune und Wege in eine Reihe von Parzellen geteilt. Innerhalb jeder einzelnen Parzelle stand eine beträchtliche Zahl von Wohnhütten, die einer bestimmten Familiengruppe angehörten. Das umliegende Land war flach und bebaut, und auf ihm standen nur einzelne Hütten verstreut. Aus dieser Ebene ragte isoliert ein Kegelberg heraus, auf dem der Pa erbaut war.

Dieses Beispiel zeigt, worauf es dem Maori bei der Anlage eines Pa vor allem ankam. Er wählte einen Ort mit dominierender Lage, einen Ort, von dem aus er das Land weithin übersehen und beherrschen konnte. Hier war es ein isolierter Vulkanberg. Als solche strategische Stützpunkte dienten auch schwer zugängliche Bergrücken, Hochufer der Flüsse, steilwandige Landvorsprünge, Kliffe und Felsen an den Küsten, steile Inseln in Binnenseen und in den Buchten an der Küste. Auf einer oder mehreren Seiten war der Pa auf diese Weise in der Regel von der Natur geschützt (38: 76/77; 97: 301). Dazu kamen nun noch die künstlich von den Maori angelegten Verteidigungswerke in der Form von Palisaden, Gräben, Wällen und Terrassen. Das landschaftliche Bild eines Siedlungsgebietes konnte dadurch ein ganz anderes Gepräge erhalten, das sich teilweise bis heute noch nicht völlig verloren hat.

Je nach der Natur des gewählten Anlageortes war bei den Pa in voreuropäischer Zeit das eine oder das andere, meist aber mehrere Verteidigungsmittel zugleich angewandt. Die Maori unterschieden selbst nach der Art und Methode der Befestigung eine lange Reihe von Pa — vom Pa punanga angefangen, der mehr ein natürlicher Zufluchtsort mitten im Urwalde war oder auf einer Insel und die wenigsten künstlichen Verteidigungswerke erforderte, bis zu den vollendeten Formen des Pa maioro mit seinen kolossalen Erdwerken (13: 14).

Eine sehr anschauliche Beschreibung eines Pa stammt aus der Feder Cooks und Banks' von ihrer ersten Entdeckungsreise 1769. Es handelt sich um einen Pa an der Nordseite der Mercury-Bai (N-Insel), den wir uns nach den beiden Forschern folgendermaßen vorstellen müssen (21 II: 339 f; 5: 199 f):

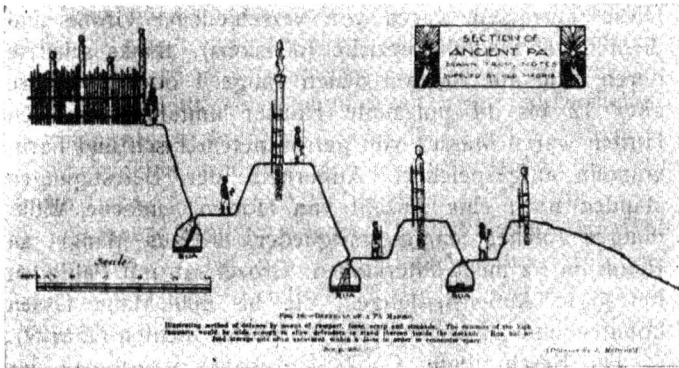

Skizze 1.

Die Festung lag auf einem hohen Vorgebirge, auf zwei Seiten durch den Steilabfall nach dem Meere ganz unzugänglich. Die eine Landseite fiel ebenfalls ziemlich steil nach dem Strande zu ab; die andere aber war eben und ging in einen schmalen Bergrücken über. Der ganze Pa war rundum mit starken, 3 m hohen Palisaden umgeben; auf der von Natur ungeschützten Landseite waren außerdem zwei tiefe Gräben gezogen, zwischen denen die äußere Palisadenreihe des Pa stand, deren starke Pfosten sich über den inneren Graben neigten. Durch einen an der Innenseite aufgeworfenen Wall ward die Tiefe des inneren Grabens verdoppelt und betrug so 24 Fuß. Der Wall war gekrönt durch die innere Palisadenreihe und durch ein Streitgerüst, das hart hinter den Palisaden stand. Es war auf starken Pfosten aufgerichtet und nach Banks über 20 Fuß hoch, über 6 Fuß breit und 43 Fuß lang. Auf ihm lagen eine Masse von Steinen und Waffen.

21

Ein zweites Streitgerüst stand über dem Steilhang nach dem Strande, zum Schutze des Zuganges zum Pa, der auf dieser Seite vom Strande zum Festungstor führte. — Der Siedlungsraum innerhalb der Befestigungswerke bestand aus einer Reihe von künstlichen Terrassen, die sich wie ein Amphitheater stufenweise übereinander erhoben und deren jede mit einer besonderen Palisade umgeben war. Diese Terrassen waren von verschiedener Größe und dienten als Siedlungsbezirke (divisions). Banks schätzte deren Zahl auf 20, von denen einige 1 oder 2, andere aber 12 bis 14 umzäunte Häuser umfaßten. In den Hütten waren Massen von getrocknetem Fisch und Farnwurzeln aufgespeichert. Außerhalb der Befestigungen standen noch eine Anzahl von Hütten, einfache Wohnungen solcher Stammesmitglieder, die aus Mangel an Raum im Pa nicht unterkamen. Crozet sah mit Palisaden befestigte Außensiedlungen, die bis 500 Mann fassen konnten und als strategische Vorposten dienten (25 a : 29).

Die Beschreibung Cooks und Banks' zeigt, daß der Pa, welcher nach der Zahl der Häuser eine recht zahlreiche Einwohnerschaft gehabt hat, alle vier vom Maori angewandten Festungswerke in sich vereinigte, Palisade, Graben, Wall und Terrasse. Wie schon angedeutet, war dies keineswegs immer der Fall. Bei zu felsigem Boden wurden die Pa nur mit Palisaden befestigt (10 II : 305). Bei Vulkankegeln zog der Maori Terrassen zum Zwecke der Verteidigung und zur Schaffung von Baufläche vor (13 : 210).

Nicht immer erweckten die Pa auf den ersten Blick bei den Fremden wie bei Cook, Forster, Tupia u. a. den Eindruck einer Siedlung; sie hielten vielmehr die Palisaden für die Einzäunung eines Tiergartens, einer Viehweide (a park of deer, or a field of oxen and sheep) oder für irgendeine religiöse Einrichtung (21 II : 281, 297). Wahrscheinlich verdeckten die hohen Palisaden die oft nur kleinen Hütten.

In manchen Gegenden traten die Kainga mehr hervor, namentlich in offenen Küstenlandschaften, wo es wenige

Pa gab, oder wo diese weiter im Inneren auf den Bergen lagen (21 III: 58). Die Täler waren weit landeinwärts bewohnt. „Täglich sahen wir eine Wolkensäule von Rauch hinter der anderen so weit emporsteigen, bis die Aussicht zuletzt durch hohe Gebirge begrenzt war" (21 II: 293). Zuweilen fiel die merkwürdige Doppelform der Maorisiedlung aus praktischen Gründen weg. Wenn man alle zum Bau eines Pa erforderlichen Arbeiten in Rücksicht zieht, so kann man verstehen, daß der Maori bestrebt war, den Pa zu einer ständigen Siedlung zu machen und nicht nur im Falle eines feindlichen Angriffs aufzusuchen. Die Stammesangehörigen, welche im Pa keine Aufnahme finden konnten, siedelten sich in Außenwerken an, von denen Cook, Banks, Crozet berichten (10 II: 310).

Die innere Struktur war bei Pa und Kainga ungefähr die gleiche, — bei den Kainga aber naturgemäß viel regelmäßiger ausgebildet als bei den Pa, die je nach der Natur des Anlageplatzes und dem zur Verfügung stehenden Siedlungsraume mehr oder weniger von dem allgemeinen Typ abwichen.

Den Mittelpunkt der Siedlung bildete im allgemeinen ein großer, rechteckiger, freier Platz, der Marae, der Dorfplatz. Hier spielte sich das ganze soziale Leben des Stammes ab. Der Marae war der Versammlungsplatz der Stammesmitglieder. Religiöse wie freudige Feste wurden hier gefeiert, Spiel und Tänze aufgeführt, die Gäste empfangen usw. Außer seiner räumlichen Zentrallage war der Marae, wie Firth treffend sagt, „the social and ceremanial core of the village" (38 : 81).

Am Marae standen die Häuser der Häuptlingsfamilie und der Vornehmen, vor allem aber die großen Gemeindehäuser, das Whare runanga, das Versammlungshaus, in dem Recht gesprochen wurde, das Whare manuwhiri, in dem die Gäste unterhalten und beherbergt wurden, dann eine ganze Anzahl von Arbeitshäusern (Werkstätten) und Schulen (Whare wananga u. a.), in denen die heilige Überlieferung und die verschiedenen Handwerke und Künste der jüngeren Generation übermittelt wurden, und schließlich verschiedene Arten von Vorratshäusern (14: 36).

Um diesen Siedlungskern gruppierten sich die einzelnen Siedlungsbezirke der verschiedenen Familiengruppen, die zu dem betreffenden Stamme oder Unterstamme gehörten. Jeder Bezirk war durch eine besondere Einfriedigung von den anderen getrennt. Das war eine sehr charakteristische Erscheinung des neuseeländischen Dorfes und ward von Cook und seinen Begleitern selbst bei den ganz primitiven Siedlungen im Queen-Charlotte-Sund beobachtet (231: 131).

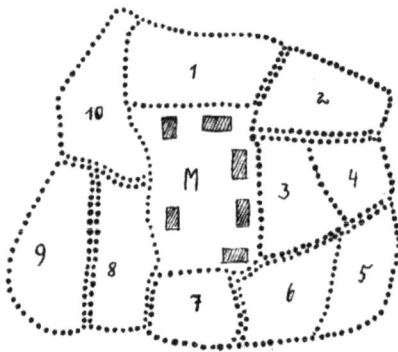

Skizze 2. Schema einer größeren Maorisiedlung ohne Befestigungswerke.

M: Marae (Dorfplatz). 1—10: Siedlungsbezirke durch Wege
/////: Gemeindehäuser. und Zäune getrennt.

In der Nähe der Wohnhütten standen in jedem Bezirke ein oder mehrere private Vorratshäuser und die Maoriküchen (Kauta, Kamuri), die allerdings oft nur ganz einfache Windschirme darstellten (7: 55; 31: 332).

Einen von diesem Typus abweichenden Siedlungsplan stellte C r o z e t bei den Pa an der Inselbai fest. Diese wurden von zwei einzelnen langen Häuserreihen gebildet. Zwischen ihnen befand sich der Marae, auf dem die Gemeindehäuser standen (25a: 29).

Obwohl die Häuser und Hütten der Maori verschiedenen Zwecken dienten und dementsprechend in

24

Größe, Bau und architektonisch-künstlerischer Ausgestaltung starke Unterschiede aufwiesen, so waren sie doch alle nach demselben Grundprinzipe gebaut. Es waren fast durchweg Giebeldachhäuser mit rechteckigem Grundrisse. Das gilt sowohl für die elenden Strohhütten, die Cook für „kaum so gut als bei uns ein Hundestall" hielt (21 III: 48), als auch für die wunderbaren, stabilen Bauwerke, die wahre Kunstschöpfungen darstellten. Das Giebeldachhaus der Maori hatte senkrechte, meist sehr niedrige Seitenwände, ein nach den beiden langen Seiten zu mehr oder weniger steil abfallendes Dach, das auf starken Eckpfeilern ruhte. Das Maorihaus, die einfache Hütte wie das geräumige Gemeindehaus bestand stets aus nur einem Innenraume (11: 231). An der schmalen Frontseite trat die Vorderwand ein wenig zurück, so daß die beiden Seitenwände und das überragende Dach eine offene Vorhalle, eine Art Veranda bildeten, die nach außen durch einen Querbalken, eine hohe Schwelle, abgeschlossen wurde. Das Haus stand auf dem platten Erdboden, der festgestampft und zuweilen eingesenkt war. Bei manchen Häusern war der Dachfirst noch durch zwei Pfeiler vorn an der Veranda und im Innenraume gestützt (31: 332 f; 38: 77; 11: 227; 55: 29). Die Seitenwände und das Dach bestanden aus Balken, Brettern, Stücken aus Rohrflechtwerk, die zusammengeknüpft waren, Matten aus Binsen und Ried, Rinde u. a. (4: 263; 21 III: 48). In Gebirgsgegenden waren Wände und Dach manchmal so reichlich mit Erde beworfen und verdeckt, daß die Hüttenform fast unkenntlich war und eher einer Erdhöhle ähnelte (4: 264). In der Vorderwand nach der Veranda war bei den meisten Maorihäusern eine kleine, schmale Türöffnung, daneben ein offenes Fenster. Beide konnten durch Bretter leicht verschlossen werden. Die vordere Giebeldachseite mit Veranda, Tür und Fenster schaute bei vielen Häusern, namentlich bei den öffentlichen Gebäuden, nach der aufgehenden Sonne, nach O oder NO (17: 232; 69: 79).

Die Wohnhütten der Familien waren in der Regel sehr primitiv gebaut und von kleinen Ausmaßen, von

3 bis 10 m lang; die Wände waren zuweilen kaum 1 m hoch (11: 227). Ganz anders die Gemeindehäuser und das Residenzhaus des Häuptlings, die oft von viel größeren Dimensionen waren. So gibt Firth die Maße eines Whare runanga mit 85 Fuß Länge, 30 Fuß Breite und 20 Fuß Höhe. Der Innenraum war eine geräumige Halle, die viele Hunderte von Maori fassen konnte (38: 82). Was aber diese Bauten vor den gewöhnlichen Hütten besonders auszeichnete, das waren die prachtvollen Schnitzwerke, die fein gearbeiteten Reliefs, welche bei reichen Stämmen oft jedes Holzteilchen im Inneren und Äußeren des Hauses, namentlich aber die Vorderseite schmückten. Die Pfeiler stellten groteske Figuren, Karikaturen von Mensch und Tier (Eidechse) dar, welche die Last des Daches trugen. Wunderbare, für die Maorikunst sehr charakteristische Spiralenfiguren — vielleicht Nachbildungen der Farnspiralen (55: 54) — überzogen in gleichmäßigem Muster die Balken.

Ähnlichen Bau und die gleiche Ornamentik zeigten auch manche Vorratshäuser der Maori, deren es verschiedene Formen gab, und die in keiner Maorisiedlung fehlten.

Die größeren Vorratshäuser, die Pataka, standen zum Schutze gegen Ratten und die Feuchtigkeit des Bodens auf mehreren kurzen Pfählen, die kleineren auf einem einzigen hohen Pfahle oder Baumstamme und muteten wie Taubenschläge an (7: 49; 62: 189). Daneben gab es halbunterirdische Speicher, Gruben mit aufgebautem Dache, die schräg in den Abhang eingebaut waren, so daß man nur die Tür sehen konnte. Diese Keller sind heute noch nachweisbar und geben oft Fingerzeige für alte Siedlungslagen (7: 79—99). Wie für die Wohnhütten und Gemeindehäuser, so läßt sich auch für die Vorratshäuser die Orientierung nach O mehrfach nachweisen (7: 24). Doch gab es auch Pataka mit zwei Eingängen an den beiden Giebeldachfronten, so daß sie bei jedem Sturme an einer windgeschützten Seite geöffnet und betreten werden konnten (7: 101).

In alten Reisebeschreibungen (Yate 1835) finden wir Angaben über merkwürdige, riesenhafte Gerüste, vielstöckige Bretterbühnen, die zum Aufstapeln von Früchten dienten (7: 67 mit Abbildung).

Ein Wort ist noch zu sagen zu der primitivsten Art der Maorisiedlungen, zu den zeitweiligen, beweglichen Siedlungen kleinsten Maßstabes, soweit man überhaupt von Siedlung noch reden kann. Alte Forschungsreisende trafen häufig an Fischerplätzen, in Anbaugebieten oder versteckt im Walde einzelne oder mehrere verlassene, halbverfallene Hütten, oft nur einfache Windschirme vor, die uns das Wanderleben der Maori veranschaulichen. Zum Zwecke des Nahrungserwerbes mußten sich manche Familien weit von den Hauptsiedlungen entfernen, in den Wald, um Beeren und Wurzeln zu sammeln oder Vögel zu fangen, in ihre Gärten, um zu pflanzen und zu ernten, an die Küste zum Fischfang. Die längere Beschäftigung auswärts vom Heimatdorfe zwang zum Aufrichten von Zelten und Hütten. Nach getaner Arbeit wurden diese verlassen, zum Teil abgebrochen und an einer anderen Stelle wieder aufgebaut. Darin lag der Vorteil dieser Dörfchen. Der Maori war auf solche Weise sehr beweglich und an keine bestimmten Stellen gebunden.

Ausgesprochene Fischerstämme lebten überhaupt meist in solchen beweglichen Siedlungen, während sie den Pa nur in Kriegszeiten aufsuchten.

Es kam allerdings auch vor, daß die Maori auf ihren Wanderungen überhaupt keine Wohnstätte errichteten. So beobachtete Cook, daß eine Fischerfamilie von 30 bis 40 Maori nicht das einfachste Obdach gebaut hatte, sondern trotz des andauernden Regens Tag und Nacht im Freien zubrachte (21 II: 33; 21 III: 49).

c) Das Kulturland (Anbauflächen).

Aus alten Reisebeschreibungen können wir eine Vorstellung von den Pflanzungen, von der Ausdehnung und Eigenart des von den Maori kultivierten Landes gewinnen.

Im Oktober 1769 — d. h. im Frühjahr — konnte Cook vom Schiff aus an der Ostküste der N-Insel „verschiedene angebaute Ländereien unterscheiden. Einige schienen noch vor kurzem umgegraben zu sein, und lagen in Furchen, wie gepflügte Äcker, andere standen voller Pflanzungen, die sich in verschiedenen Graden des Wachstums befanden" (21 II: 297). J. Banks besichtigte die Anpflanzung und „fand das Erdreich so gut bearbeitet und gebaut, als es in den Gärten der sorgfältigsten Leute in England nur immer sein kann" (21 II: 309; 5: 190/1). Cook bemerkt an einer anderen Stelle seines Reisewerkes: „Auf diesen Feldern fanden wir das Erdreich so locker, als es in einem Garten zu sein pflegt, und überall, wo eine Wurzel aufsprossen wollte, hatten sie das Erdreich ein wenig erhöhet. Diese kleinen Erdhäufchen waren alle sehr regelmäßig in Reihen aufgeworfen und stellten überall ‚ein Quincunx' (so wie die Zahl 5 auf einem Würfel) vor[1]); sie waren durchgängig nach der Schnur gezogen, und diese sahen wir mitsamt den dazu gehörigen Pflöckchen noch im Felde . . ." (21 III: 55/6).

Auch den Grabstock, mit dem die Maori den Boden bearbeiteten, hat Cook gesehen und beschrieben. Es war ein langer Stock mit einer Fußleiste.

In der verhältnismäßig kleinen Tolaga-Bai an der Ostküste der N-Insel schätzten Cook und Banks die Anbaufläche allein auf 150—200 acres, alle die einzelnen, 1 bis 2 Acker großen Gärten zusammengenommen (21 II: 309).

Die Vierecke oder genauer die Kreuze, in denen die Pflanzen angeordnet waren, lagen in ganz gerader Reihe neben- und hintereinander wie die Felder auf einem Schachbrette (5: 190; 12: 7).

Wenn man von vorn in der Richtung der Reihen schaute, so konnte man leicht denken, daß die Äcker in Furchen lägen; auf dieser optischen Täuschung beruht wohl auch die Feststellung Cooks, der damals seine Beobachtungen vom Schiffe aus machte.

---

[1]) Die Übersetzung Schillers Quincunx = 5 eck führt irre.

Die einzelnen Gärten waren mit Zäunen aus Rohr umgeben, das nach Cook „so hart aneinander stand, daß kaum eine Maus dazwischen durchkriechen konnte" (21 II : 309). Man kann sich vorstellen, daß durch diese Einfassungen die Maorigärten noch markanter in der Landschaft hervortraten.

Nicht immer waren so viele Gärten auf einem beschränkten Raume vereinigt. Namentlich die schwächeren Stämme pflegten eine ganze Reihe getrennter Anbaugebiete von oft sehr geringer Ausdehnung zu haben, die weit auseinander und fern von den Siedlungen, zuweilen ganz versteckt im Walde lagen. Dies hatte seinen Grund einmal darin, daß sich die Maori zum Anbau fruchtbaren Boden aussuchen mußten (74 I : 278), zum anderen aber wollten sie vermeiden, daß sie durch einen einzigen feindlichen Überfall ihr ganzes, unter Kultur stehende Land auf einmal einbüßten (TP 13: 7/8; TP 35: 14).

Welche Pflanzen bauten die Maori in ihren Gärten an? An erster Stelle sind Wurzel- und Knollengewächse zu nennen, und von diesen besonders die Kumara, eine Batate (Ipomoea chrysorhiza). Die Maori unterschieden nach der Farbe des Fleisches, nach der Form und Größe der Knolle und nach dem Wachstum der Pflanze unzählige Varietäten der Kumara (12: 55 f). Nach der Kumara waren der Yams, der Taro und eine Kürbisart (Hue) wichtige Anbaupflanzen, in der Verbreitung reichen sie aber nicht im entferntesten an die Kumara heran. Die Fruchthülle des Kürbis diente als Gefäß, vor allem als Wasserbehälter; denn Töpferei kannten die Maori nicht.

Auch einige Baum- und Strauchpflanzen wurden von den Maori einst kultiviert, so der palmartige Kolbenbaum (Cordyline terminalis und C. australis); dieser war meist innerhalb der Siedlungen oder der Gärten einzeln angepflanzt. Der fleischige Wurzelstock und das Innere des Stammes junger Bäume war schmackhaft und genießbar. Auf der Südinsel wuchs er wild (12: 137 f). Teilweise pflanzten die Maori auch den Karakabaum (Corynocarpus laevigatus) an; er war besonders um die Siedlungen und an der Meeresküste, wo er leicht verwilderte und zuweilen kleine Waldungen bildete, anzutreffen (TP 13: 17; 10 II: 396). Er lieferte den Eingeborenen die begehrten süßen Karakabeeren.

Ganz unbedeutend war der Anbau des Papiermaulbeerbaums (aute) (5: 206; 21 II: 363).

Eine weitere Kulturpflanze war der neuseeländische Flachs (Phormium tenax), der allerdings in den meisten Gebieten Neuseelands schon wild üppig genug gedieh.

Colenso berichtet von „plantations" dieser Pflanze (TP 13: 19). Der Flachs hatte für die Maori sehr große wirtschaftliche Bedeutung; aus ihm verstanden die Maori all ihre Kleidungsstücke, ihre Matten, Decken, Körbe, Gefäße aller Art, ihre großen Fischnetze u. a. zu flechten und knüpfen.

Mit welcher Sorgfalt der Anbau — besonders der Kumara, die im Grunde die ganze Gartenkultur der Maori beherrschte — gepflegt ward, das haben ja die gegebenen Schilderungen zur Genüge gezeigt. Wir brauchen nur an die unzähligen, kleinen, halbkugeligen Erdhügel zu denken, die wie gerade Reihen von „Maulwurfshaufen", mit denen Colenso sie vergleicht (TP 13: 9), über große Flächen hin mit dem hölzernen Grabstocke aufgeworfen waren.

Der Anbau der verschiedenen Kulturpflanzen war deren Ansprüchen an Boden und Klima angepaßt.

Die Kumara wurde mit Vorliebe auf trockenem, lockerem Boden angebaut. Sie war sehr empfindlich gegen Frost. Besonders zeigten fruchtbare Küstendistrikte, soweit sie gegen die kalten Südwinde geschützt waren, und der alluviale Boden der Flußtäler intensiven Anbau in alter Zeit. Doch erstreckte sich dieser auch in höhere Lagen, vor allem sonnige Nordabhänge hinauf, die den Vorteil leichter, natürlicher Entwässerung hatten (TP 1: 346; 10 II: 373; 71: 319). Der Taro gedieh dagegen am besten auf feuchtem Boden (97: 96), ebenso der Kürbis (17: 230). In Flußebenen mit zu schwerem oder zu feuchtem Boden legten die Maori zuweilen Entwässerungskanäle an (12: 73).

Außerdem pflegten die Maori die Erde mit feinem Sande zu mischen, den sie oft weit her aus einem Flußbette, vom Meeresstrande oder aus besonders dazu angelegten Sandgruben heranholten (17: 230; TP 1: 346). Es sind auch einige wenige Beispiele von Terrassenkultur im Pflanzenanbau der Maori bekannt geworden. In dem einen Falle waren die Terrassen mit Steinen, in einem anderen mit Holzblöcken eingefaßt (12: 117). Es ist jedoch sehr fraglich, ob die Anlage der Anbauterrassen tatsächlich in voreuropäische Zeit zu datieren ist. Die Beobachtungen hierüber stammen erst aus späterer europäischer Zeit, so daß mit europäischem Einfluß gerechnet werden muß. Alte Siedlungsterrassen machen zuweilen den Eindruck alter Anbauterrassen (13: 217).

Das vorhandene literarische Material reicht nicht aus, die Ausdehnung des von den Maori bewirtschafteten Landes auch nur annähernd zahlenmäßig zu erfassen oder in Verhältnis zur Naturlandschaft zu setzen. Bei einer Gesamtbevölkerung von nur 100—200 000 in einem Lande von der Größe Italiens einschließlich Siziliens, wird naturgemäß das Anbauland einen verschwindend kleinen Teil des neuseeländischen Bodens ausgemacht haben. Wenn in europäischer Zeit unzählige Spuren ehemaliger Anpflanzungen nachgewiesen worden sind, so ist zu bedenken, daß diese Gebiete keineswegs zu gleicher Zeit bebaut waren. Denn wir haben es bei dem neuseeländischen Grabstockbau mit einer Art wandernder Brandkultur zu tun. Nach R. Taylor wurde Land, auf dem drei Jahre Taro angebaut worden war, 7—14 Jahre brach liegen gelassen. Benachbartes Wald- oder Farngebiet wurde urbar gemacht und bewirtschaftet. Das Anbauland rückte auf solche Weise immer weiter von der ursprünglichen Stätte weg, zu der man erst dann wieder zurückkehrte, wenn sich der Farn bezw. Wald soweit regeneriert hatte, daß er beim Abbrennen genügend Asche zur Düngung des Bodens lieferte (94a: 498; 29 II: 388/9).

Auf der anderen Seite zeigt aber Cooks Schilderung von der Tolaga-Bai, daß die Gartenkultur der Maori so ausgedehnt war, um einzelnen Landschaften — aber eben nur Kleinlandschaften —, ihr charakteristisches Gepräge zu geben.

3. Die verschiedenen Kulturformen.

Oft wird die Kultur der Maori wie die vieler Naturvölker als neolithisch bezeichnet. Hettner sagt jedoch mit Recht, daß die Unterscheidung der Kulturen allein nach dem Material der Waffen und Werkzeuge einseitig sei. Wir müssen unser Augenmerk mehr auf die Gesamtheit der Lebenserscheinungen richten und in der Bezeichnung der Kulturform die für sie charakteristischen, grundlegenden Tatsachen zum Ausdruck bringen (56: 6).

Der ausschlaggebende Faktor der Maorikultur war entschieden ihre Bodenwirtschaft, der Grabstockbau. Neben diesem bildeten Fischfang, Jagd (Vogelfang) und Sammelkultur wichtige Lebensgrundlagen. In manchen Gegenden waren sie überhaupt die einzige Kulturform, wie z. B. in dem größten Teile der Südinsel. Das regste Kulturleben herrschte naturgemäß in den Grabstockbaugebieten.

a) Der Grabstockbau.

Der Grabstockbau war die höchste Kulturform im alten Neuseeland. Charakteristisch für ihn ist in erster Linie der Garten. Felder im engeren Sinne gibt es beim Grabstockbau nicht, sondern nur bei der höheren Kulturform des Ackerbaues, der mit Pflug und Arbeitstieren betrieben wird. Cook und Banks erkannten sofort die Gartennatur des bebauten Landes der Maori. Auch spätere Autoren betonen dieses wichtige anthropogeographische Moment. Der Missionar T. G. Hammond, ein sehr feiner Beobachter, nennt die „mara" der Maori „gardens" und spricht von deren „horticulture" (51:110, 105/6). Wenn J. L. Nicholas, der mit dem bekannten

Missionar M a r s d e n 1814 die Inselbai besuchte, über die Anpflanzungen schreibt: „The nice precision that was observed in setting the plants and the careful exactness in clearing out the weeds, the neatness of the fences, with the convenience of the stiles and pathways, might all have done credit to the most careful cultivator in England" (741: 252), so sagt uns dies doch zweifellos, daß der Maori ein Gärtner im wahrsten Sinne des Wortes war.

Das Gartengerät der Maori war der Grabstock(ko). Er hatte oft spatenähnliche Form (12: 22, 24a, 27, 28a—d, 32a, b, 36a—d mit Abbildungen). Hahn und Ratzel haben die Bodenbearbeitung mit der Hacke, dem Grabholze und dem Pflanzstocke unter „Hackbau"[1]) zusammengefaßt, — eine Bezeichnung, die nur die Arbeit mit der Hacke berücksichtigt und leicht irreführt. Wir haben es also im alten Neuseeland mit „Grabstockbau" zu tun. Eine primitive Art von Hacke wurde von den Maori nur zum Jäten von Unkraut verwandt (11: 172; 12: 44a).

Daß eine Kulturpflanze, die Kumara, vor den anderen eine so hervorragende Stellung einnahm (TP 35: 12), ist keineswegs ein Umstand, welcher der Bodenwirtschaft anderer Naturvölker fremd ist. In Afrika finden wir ähnliche Verhältnisse für Durrha und Hirse, in Mittelamerika für Mais (49: 30), auf anderen Südseeinseln für Yams (23 II: 108), Taro (23 II: 427/8).

Der vorwiegende Anbau von Kumara ließ die Anpflanzungen der Maori keineswegs als eintönige Kartoffelfelder erscheinen. Das bunte, abwechslungsreiche Bild, das dem Garten im Gegensatze zum Felde eigen ist, blieb vielmehr immer gewahrt. Zu Cooks Zeiten wurde der Yams, Taro und Hue auf der N-Insel bedeu-

---

[1]) Später hat E. H a h n auf Wunsch S a p p e r s für Mittel- und zum Teil für Südamerika, wo der Grabstock das Hauptgerät bildet und häufig vom Manne geführt wird, die Bezeichnung „Grabstockbau" als eine Unterabteilung des Hackbaus eingeführt (50: 99). Für das alte Neuseeland liegen zu dieser Maßnahme ebensolche Gründe vor.

tend mehr angebaut, als man nach dem geringem Umfange ihres Anbaus in späterer Zeit annahm (21 III : 33;
10 II : 390). Durch kleine Flecken und Beete mit Taro,
Yams, Kürbis oder durch einige Karakabäume und „Kohl-
palmen" innerhalb der Kumaraanpflanzung wurde dieser
der feldmäßige Charakter genommen. Der perennierende
Taro belebte zu jeder Jahreszeit die Gärten (97 : 96;
TP 13 : 11; 12 : 124); die Kumara dagegen war eine jähr-
liche Pflanze.

Die Angabe C o l e n s o s, eines der besten Kenner
des alten Neuseeland, „they often planted the red par-
rot's bill acacia and the ornamental variety of striped-
leaved flax about their houses, on account of their
beauty", deutet auf die Anfänge des „Ziergartens" bei
den Maori hin.

In einem wichtigen Punkte, in der Arbeitsteilung zwischen den beiden Geschlechtern, weicht der Grabstockbau der Maori von der allgemeinen Form des Hackbaus
ab. Im alten Neuseeland nämlich war nicht die Frau,
sondern der Mann — und zwar der freie Mann — Träger
der Gartenkultur (10 II : 378 f), ja selbst der Häuptling
nahm an den Gartenarbeiten teil (TP 13 : 9). Den freien
Männern fiel das Pflanzen und Ernten in der Regel zu,
während Frauen und Sklaven sich meist nur an Rodungs-
arbeiten, am Jäten usw. beteiligen durften oder den
schweren Sand zur Bodenverbesserung heranschleppen
mußten. Doch sind auch verschiedentlich Frauen und
Sklaven bei Gartenarbeiten beobachtet worden (TP 13 : 9,
58; 17 : 228; 26 : 105, 234, 285). In der Taranakiprovinz
arbeitete die ganze Familie in den Gärten; manche Frauen
nahmen als „experts" der Gartenkultur, als geschickte
Gärtnerinnen, sogar eine besonders geachtete Stellung
ein (51 : 106).

b) D i e a n d e r e n K u l t u r z w e i g e.

Was die drei anderen Zweige der Maorikultur betrifft, den Fischfang, die Jagd und Sammelkultur, so
waren sie im Unterschiede vom Grabstockbau über den

ganzen neuseeländischen Lebensraum, natürlich je nach den Naturgegebenheiten in verschiedenem Grade, verbreitet und bildeten teils ohne, teils mit der Gartenkultur die Ernährungsgrundlagen der Maoristämme. Charakteristisch ist nun für Grabstock- und Hackbauvölker, daß sie sich nicht nur durch die Bodenbewirtschaftung über die Kultur der eigentlichen Primitiven erhoben haben, sondern daß sie zugleich von n i e d e r e n zu h ö h e r e n Fischern, Jägern und gewissermaßen auch Sammlern geworden sind (56: 41).

D e r M a o r i a l s F i s c h e r. Der Fischfang war im alten Neuseeland außerordentlich hoch entwickelt. Dazu gehörten alle Arbeiten, vom einfachen Sammeln verschiedener Schalentiere (shell-fish) bis zum schwierigen, viele Männerkräfte erfordernden Gebrauch der gewaltigen Zugnetze (17: 231) bei dem Fischfange auf hoher See.

Cook und Forster, die bei ihren langwierigen Küstenfahrten oft auf den Kauf ihres Lebensunterhaltes von den Eingeborenen angewiesen waren, rühmen nicht wenig die Kunst des Fischfangs der Maori (42 II: 353). In der Inselbai im N der N-Insel lachten die Eingeborenen über die kleinen Fischnetze der Europäer, wie Cook berichtet, und zeigten ihnen triumphierend das ihrige, das nach der Schätzung Cooks 5 Klafter tief und 3—400 Klafter lang war (21 II: 366).

Die Bevölkerung des Inneren Neuseelands betrieb namentlich Aalfang. Doch wurden weite, lange Wanderungen zum Zwecke des Fischfanges an die Küste gemacht (PS 3: 140; 14: 38). Zum Aalfang wurden in den Sümpfen Kanäle angelegt und Aalwehre und Reusen aufgestellt. Die gefangenen Aale wurden getrocknet, und als Proviant in Bündeln zu 20—30 Stück auf weitere Reisen mitgenommen (57: 164). R e i s c h e k spricht geradezu von einer Aalzucht der Waikato-Maori (81: 196). Die Maori kannten genau die Zeiten und Richtung der Wanderung bestimmter Fische, besonders der Aale und stellten dementsprechend ihre Reusen auf (10 II: 437, 444).

Alle Stämme, und innerhalb der Stämme die einzelnen Familiengruppen, hatten ihre festen Fischgründe; fischreiche Seen waren zuweilen in eine Anzahl Parzellen geteilt, die durch Pfähle gekennzeichnet waren, und in denen nur der dazu bestimmte Stamm das Fischrecht ausüben durfte (10 II: 401; TP 53: 436).

Der Maori als Jäger. Jagd war im alten Neuseeland gleichbedeutend mit Vogelfang; anderes Wild gab es gar nicht, wenn wir von der Kiore-Maori, von der Ratte, absehen. Der Hund war ein zahmes Haustier der Maori und wurde seines Felles und wohlschmeckenden Fleisches wegen gezüchtet, war also kein Jagdwild. Der Maori war ein routinierter Vogelfänger, obwohl er Bogen und Pfeil als Jagdwaffen nicht kannte, sondern mit Fallen und Schlingen zu Werke ging. Ihre Hunde verstanden die Maori für die Jagd auf bestimmte Vögel zu dressieren, z. B. auf die Jagd des flügellosen Laufvogels Kiwi, der nur bei Nacht gefangen werden konnte (10 II: 401; 47: 152). In waldreichen Gegenden spielte der Vogelfang eine große kulturelle Rolle. Der Wald war für jeden Maoristamm heiliger Besitz. Ähnlich unseren Wildschonungsgesetzen hatte der Maori seine Tabugesetze des Vogelfangs (PS 21: 107). Nur zur Jagdsaison wurden die Stammesjagdreviere freigegeben. Bei dem völligen Fehlen von größeren Landsäugetieren bildeten die Vögel naturgemäß eine sehr begehrte Fleischnahrung.

Der Maori als Sammler. Im Walde, im neuseeländischen Busch, lernen wir den Maori nicht nur als Jäger, sondern auch als Sammler kennen. Verschiedene vegetabilische Nahrung bot ihm der Wald, Beeren und Wurzeln verschiedener Art. Das Sammelprodukt, auf das es dem Maori vor allem ankam, war die Wurzel eines Farnes (Pteris aquilina oder esculenta), die von den Maori mit dem Grabstock gegraben wurde und als Zukost zu anderen Speisen, besonders zu Fisch diente. Man kann die Farnwurzel, das „aruhe" der Eingeborenen, mit Cook als das „Brot" der Maori bezeichnen (21 II: 308,

341). Im Gegensatz zu der Kumara, die leicht faulte, hatte sie den großen Vorteil, daß sie sich jahrelang in genießbarem Zustande hielt. Es war ein unentbehrliches Stapelprodukt.

Die Maori hatten meist ihre festen „digging-grounds", (TP 13: 21), die sie jedes Jahr im Frühsommer aufsuchten, die sonst aber von allen geschont wurden. Im Winter wurden sie manchmal abgebrannt, um die Wurzel des Farnes zu verbessern. Die Wildlandschaft wurde also sozusagen in wirtschaftliche Nutzung, in Halbkultur genommen. Das berechtigt uns, die Maori als „höhere Sammler" zu bezeichnen.

Die Wurzel war je nach dem Boden von ganz verschiedener Qualität. Besonders gute Farndistrikte gaben vielfach Anlaß zu blutigen Eroberungszügen (TP 1: 347).

Außer der Tatsache, daß die Maori zum Graben der Farnwurzeln den Grabstock benutzten (97: 94/5), besteht eine weitere Parallele der Sammelkultur zum Grabstockbau in der Arbeitsteilung, indem der Mann die Farnwurzeln grub, während die Frau, wie Crozet beobachtete, die Wurzelbündel von der Sammelstelle nach der Siedlung zu tragen hatte (25: 65).

Wie der Maori die einzelnen Zweige seiner Kultur und Wirtschaft selbst einschätzte, und wie diese, immerwährend die Gemüter der Eingeborenen beschäftigten, das spiegelt sich in einer Reihe überlieferter, geistreicher Fabeln und kleiner humoristischer Geschichten und Gesänge, in denen er den Grabstockbauer, Fischer und Farnwurzgräber verherrlicht, oder in denen er die Kumara und Farnwurzel als sprechende Personen einander gegenüberstellt, die ihre Vorzüge gegeneinander abwägen (TP 13: 22/23).

4. Siedlungsprovinzen des alten Neuseeland.

Die großen landschaftlichen Gegensätze Neuseelands, wo üppiger Urwald, alpine Landschaft und Steppenland hart aneinander grenzen, lassen schon vermuten, daß die Bevölkerung keineswegs gleichmäßig verteilt war. Das

eigentliche Bild von der Besiedlung des alten Neuseeland, der einzelnen Teile und Landschaften, erhalten wir
demnach erst, wenn wir den neuseeländischen Siedlungsraum in Siedlungsprovinzen zergliedern.

Die vorangegangenen allgemeinen Ausführungen
geben uns die Richtlinien, nach denen die Abgrenzung
der einzelnen Provinzen zu treffen ist. Die stärkere oder
geringere Ausbildung der verschiedenen Kulturzweige,
besonders der Kulturarbeit der Maori, die landschaftlich
in Erscheinung getreten ist, soll uns der Gradmesser für
die Dichte der Besiedlung sein. Es sind also eher Kultur-
als Siedlungsprovinzen.

Schätzungen der Maoribevölkerung, die Forster und
spätere Forscher angestellt haben, sind unsicher und
variieren zwischen 100- und 400000 Eingeborenen (TP 56:
364/65).

H. D. Skinner hat schon den Versuch gemacht, Neuseeland in „culture-areas", in Kulturprovinzen aufzu-
teilen (PS 30: 71 ff). Wenn für ihn auch in der Hauptsache völkerkundliche Kriterien ausschlaggebend waren,
so geben uns doch seine Untersuchungen immerhin wertvolle Anhaltspunkte, da völkerkundliche und anthropogeographische Fragen sich oft berühren.

Das uns zur Verfügung stehende Quellenmaterial
reicht nicht aus, um die Siedlungsprovinzen so heraus-
zuarbeiten, als es z. B. bei einer Untersuchung der gegen-
wärtigen anthropogeographischen Verhältnisse eines Landes möglich ist. Es handelt sich eben um ein vergangenes
Stadium der Besiedlung, über das sehr ungleiche Forschungen für die einzelnen Gebiete vorliegen. Wir müssen
uns darauf beschränken, die Siedlungsprovinzen heraus-
zufinden und zu beschreiben, die am Ende der voreuropäischen Zeit besonders stark in den Vordergrund traten.

Ganz ähnlich der Unterscheidung Skinners zwischen
einer großen nördlichen und südlichen ethnographischen
Kulturprovinz, können wir eine anthropogeographische
nördliche Großprovinz einer südlichen gegenüberstellen.
Wenn wir als Kriterium der Abgrenzung den wichtigen

Kulturfaktor des Grabstockbaus nehmen, so umfaßt die nördliche Großprovinz — mit Grabstockbau — die ganze N-Insel und den Norden der S-Insel bis zur Breite der Banks-Halbinsel, dem südlichsten Ausläufer der Gartenkultur.

Zur südlichen Großprovinz gehört die übrige S-Insel, die Stewart-Insel und die Chatham-Inseln.

Jede dieser beiden Großprovinzen stellt einen Komplex einer Reihe von kleineren Siedlungsprovinzen dar (s. Disposition). Bei der nördlichen Großprovinz fällt vor allen Dingen der siedlungsgeographische Gegensatz der Küsten- zu den Binnenprovinzen auf.

In der südlichen Großprovinz ward im Unterschied von der nördlichen kein Grabstockbau getrieben. Die Bevölkerung war sehr gering und weit verstreut, so daß eine Unterteilung wenig besagen würde. Eine spezielle Betrachtung erfordert nur die Siedlungsprovinz der entfernten Chatham-Inseln.

a) Die nördliche Großprovinz.

aa) Die Küstenprovinzen.

Die vulkanischen Zonen der N-Auckland-Halbinsel.

Siedlungsprovinzen von ganz eigenem Charakter waren die vulkanischen Zonen der N-Auckland-Halbinsel. Das war 1. der Auckland-Isthmus, an dem heute die Stadt Auckland liegt, und 2. die vulkanische Taiamai-Zone, zwischen der Mündung des Hokiangaflusses im W und der Inselbai im O, nördlich der Aucklandzone gelegen.

Es handelt sich bei dem Auckland-Isthmus um die schmale, stark gegliederte Landenge, welche die N-Auckland-Halbinsel mit dem Rumpfe der übrigen N-Insel verbindet. Von O dringt der inselreiche Hauraki-Golf mit seinen zahlreichen, vielverzweigten Buchten und Armen weit in das Land ein und nähert sich dem von W eingreifenden Manukaubecken an zwei Stellen bis auf 1—2 km.

Die Oberflächenformen sind ebenso vielgestaltig. Nach v. H o c h s t e t t e r können wir dieses Gebiet ungefähr folgendermaßen charakterisieren (57: 85 ff):

Seine eigentümliche Physiognomie verdankt der Auckland-Isthmus einer großen Anzahl erloschener Basaltvulkane, welche regellos über den Isthmus und die benachbarten Ufer des Waitemata- und Manukauhafens zerstreut sind. In einem Umkreise von nur 10 engl. Meilen von Auckland liegen nicht weniger als 61 selbständige Ausbruchsstellen, „wahre Modelle vulkanischer Kegel- und Kraterbildung mit weithin ausgeflossenen Lavaströmen". Wenn es auch Vulkanbildungen kleinsten Maßstabes sind, von einer Höhe von nur 100—300 m, so sind sie doch markante Erscheinungen der Landschaft — so die sanft ansteigenden Tuffkegel, dann die Schlackenkegel mit steilen Abhängen und schließlich kombinierte Formen, bei denen z. B. ein Schlackenkegel dem Tuffkegel wie eine Kappe aufgesetzt ist. Die gewaltigen Lavafelder erscheinen je nach dem Grade ihrer Verwitterung als fruchtbares Land mit rotbrauner Erde oder als wüstes zerklüftetes Steinmeer. Wo die Sandstein- und Tonschichten des Grundgebirges zwischen den vulkanischen Bildungen hervortreten, standen einst die stattlichen Kauriwälder, die sich deutlich von der offenen Vulkanlandschaft abhoben.

Die Kulturarbeit der Maori, die hier mehr als in jedem anderen Teile Neuseelands landschaftlich zum Ausdruck kam, hatte dem Isthmus das spezifisch voreuropäische Gepräge verliehen. Noch heute kann man an den Abhängen der Vulkankegel jene merkwürdigen künstlichen Terrassen leicht erkennen. Sie sind wichtige Dokumente der vergangenen Maorikultur. v. H o c h s t e t t e r (58: 164) erkannte sofort, daß diese Terrassen von Menschenhand stammten und den hier ansässigen Stämmen einst als Baufläche und Verteidigungsmittel dienten, mit der Bildung der Berge aber, entgegen der Auffassung D i e f f e n - b a c h s, in keinem natürlichen Zusammenhang ständen (13: 232). Jeder terrassierte Vulkankegel trug früher einen

mächtigen Pa der Maori (Skizze 3). Wir müssen uns vorstellen, daß ein solcher Pa aus mehreren Häuserreihen
bestand, die sich an den Abhängen übereinander an-
ordneten. Sie lagen auf künstlichen Terrassen, die durch
fast vertikale Wände voneinander getrennt und außerdem
noch an ihrer Außenseite durch hohe Palisaden befestigt waren. Die Terrassen umgaben aber den Berg

Skizze 3. Schema einer Terassensiedlung
auf einem Vulkan-Kegel N-Aucklands (mit Krater).

nicht in einer ununterbrochenen Linie, sondern verliefen
plötzlich in den Abhang, um einige Meter höher von
neuem zu beginnen (13: 210). Die Ost- und Nordabhänge der Vulkankegel, die Sonnenseiten, trugen die
meisten Terrassen und damit die dichteste Bevölkerung
(13: 222, 225). Selbst die inneren Kraterwände waren,
wie bei dem Mt. Eden, einer typischen alten Festung,
terrassiert und mit Wohnhütten besetzt[1]). Der Krater-
saum der Kegel war in einzelne Siedlungsbezirke ein-
geteilt. Hier wohnte der Häuptling mit seiner Familie
und den Edlen des Stammes. Mehrere Tausend Stammesmitglieder konnte eine Terrassensiedlung fassen, der One-
Tree-Hill allein 5—6000, wie E. Best annimmt (11: 94).
Es gab aber nun eine ganze Anzahl solcher Pa, die entsprechend der Lage der Vulkankegel regellos über die
ganze Landenge verstreut waren. Wir müssen für dieses
an sich kleine Siedlungsgebiet eine außerordentlich dichte
Besiedlung annehmen, auch wenn wir der Möglichkeit

---

[1]) Der Monographie von E. Best: The Pa Maori (13) sind
einige Skizzen und Photographien vom Mt. Eden und anderer Vul-
kanberge Aucklands beigefügt, die deutlich die alten Festungs-
anlagen und die Terrassen zeigen (13: 208/237).

Rechnung tragen, daß nicht alle Pa zu ein und derselben Zeit bewohnt waren. Nach der Tradition sollen die einst hier ansässigen Ngatiwhatua 20—30 000 Köpfe gezählt haben. Diese Zahl ist sicher nicht zu hoch gegriffen.

Wir kommen zu demselben Ergebnis, wenn wir als Maßstab der Bevölkerungsdichte die Ausdehnung des bebauten Landes dienen lassen. Zu jedem Pa gehörten große Flächen Gartenlandes, das sich in einer breiten Zone um den Kegelberg zog (31: 296/7). Während die unteren flachen Abhänge der Vulkanhügel bebaut waren, wurden die unfruchtbaren Schlackenkegel, die bei einem kombinierten Vulkansystem den Tuffhängen aufsaßen, terrassiert und dienten zur Anlage der Siedlung. Zahlreiche Speichergruben für die Kumara kann man heute noch auf den Terrassen nachweisen (13: 232). Wälle von aufgehäuften vulkanischen Trümmern und Schlacken liegen noch am Fuße der Hügel und in der nächsten Umgebung (31: 296 7; 3 II: 4; 13: 210). Das deutet ebenfalls auf die ehemalige, intensive Grabstockbaukultur der Maori dieser Gegend hin. Denn um anbaufähiges Land zu gewinnen, sammelten die Eingeborenen die Steine zusammen und häuften sie an den Rändern der Gärten auf. Die Kulturlandschaft des Auckland-Isthmus verschonte eigentlich nur die Kauriwaldungen und die unfruchtbaren öden Steinmeere der Lavafelder.

Wenn man von einem der vielen Gipfel der Vulkankegel des Auckland-Hügellandes, die in ihrer dominierenden Lage einen weiten Umblick auf die ganze Isthmuslandschaft gestatteten, Umschau hielt, so erblickte man nach allen Seiten hin die charakteristischen Formen der Maori-Pa mit ihren Terrassen und Palisaden. Und zwischen ihnen wechselten dunkelgrüne Kauriwaldungen mit den ausgedehnten wohlgepflegten Gärten der Maori. Rings um ward dieses Landschaftsbild von dem nahen Meere eingefaßt und in den Buchten und Häfen kreuzten die Kanus der Eingeborenen, die beim Fischfange waren oder mit ihren Kriegsbooten manövrierten. Die zwei Landengen, welche die Aucklandzone im N und S mit der übrigen Insel verbinden, waren so schmal, daß die Eingeborenen ihre Kanus von der W- nach der O-Küste und umgekehrt schleppten (57: 82; TP 1: 333).

Von dieser kleinen zentralen Zone beherrschten die mächtigen Ngatiwhatua weithin nach N und S das Land. Die Meeresnähe und die Möglichkeit intensiven Grabstockbaus auf dem vulkanischen Boden waren die Grundlagen ihrer Macht und ihrer Kultur.

Das andere wichtige Siedlungsgebiet der N-Auckland-Halbinsel, die Taiamai-Provinz weiter im N, hat kulturlandschaftlich vieles mit der Aucklandzone gemein. Sie ist ebenfalls durch eine große Anzahl der Terrassenfestungen und durch ausgedehnte Grabstockbaukultur gekennzeichnet. Lange Steinwälle zusammengelesener Schlacken lassen auf intensiven Anbau und eine dichte Bevölkerung schließen (12: 62/3). Das Meer war nahe und durch die breite offene Küstenlandschaft der Inselbai leicht zugänglich, die ebenfalls sehr dicht besiedelt war (86: 7). „Artige Städtchen, einzelne Häuser und angebaute Felder wechselten miteinander ab und das Land schien weit volkreicher als irgendeine Gegend desselben, die wir bisher gesehen hatten" (21 II: 363). Der Fischfang blühte. Cook schreibt: „Bei allen ihren Städtchen sahen wir eine Menge Netze in Haufen zusammengelegt, welche die Gestalt eines Heuschobers hatten und mit einem Dache bedeckt waren ... und wo wir nur in ein Haus traten, da fanden wir fast allemal einige von dessen Bewohnern mit der Verfertigung solcher Netze beschäftigt" (21 II: 366). Außerdem gab es hier sehr viel Farn, dessen Wurzel gesammelt wurde (12: 13).

Alle drei Kulturzweige, Grabstock, Fischfang und Sammelkultur waren also in diesem nördlichen Gebiete ausgebildet und ermöglichten die dichte Besiedlung. In siedlungsgeographischer Hinsicht ist das Taiamai- und Inselbaigebiet insofern von ganz besonderem Interesse, als hier zwei in ihrer Anlage grundverschiedene Festungstypen nicht weit voneinander auftraten, 1. die Pa auf den Vulkankegeln im Inneren mit ihren künstlichen Siedlungsterrassen (wie auf dem Auckland-Isthmus) und 2. die Küstenforts, die im Gegensatze dazu mit Graben und Palisaden befestigt waren und innerhalb der Festungswerke, welche die Siedlung in einem Rechteck umschlossen, aus zwei ungefähr parallelen Häuserreihen längs des Marae bestanden (s. S. 24).

Die Plenty-Bai. Von den übrigen Küstenlandschaften der N-Insel kommen namentlich zwei als besondere Siedlungsprovinzen in Frage, die Küstenlandschaft der Plenty-Bai im NO und der Küstenstreifen der Taranakiprovinz im SW, beide durch das vulkanische Zentralplateau voneinander getrennt. Die Plenty-Bai erstreckt sich zwischen der Coromandel- und der Ostkap-Halbinsel in weitem flachen Bogen. Die Küstenebene steigt langsam landeinwärts an und ist durch den bewaldeten Ostabhang des Zentralplateau begrenzt. Dieser schmale, offene Küstenstreifen war in voreuropäischer Zeit dicht besiedelt und übertraf kulturell die ganze übrige Ostküste, obwohl diese in ihrer ganzen Erstreckung gut bevölkert war, namentlich noch in den Küstendistrikten der Hawke-Bai. Cook und Banks schreiben in ihren Reiseberichten: „Wir sahen längs der Küste hin viele Kähne und Leute ... das feste Land ist eben nicht sehr hoch, sondern flach, ziemlich frei von Holz und voller angebaueter Felder und Dörfer. Die Dörfer waren größer als wir sie bisher gesehen hatten, gemeiniglich auf Anhöhen, nahe am Meere erbaut ..." (21 II: 324), „... und an den Strand waren sehr viele große Kanus gezogen, einige hundert Stück" (5: 194/5). Der Name, den Cook dieser Bucht gegeben hat, „Bay of Plenty", ist sehr bezeichnend.

Innerhalb der Plenty-Bai waren die Häfen und Aestuarien besonders dicht besiedelt. So sind nach E. Best in der Umgebung von Whakatane, wo der gleichnamige Fluß einmündet, allein über 100 alte Festungsplätze aufgefunden worden (13: 2). Der alluviale fruchtbare Boden des unteren Whakatanetales war bekannt wegen seiner überaus reichen Kumaraerträge, die eine sehr zahlreiche Bevölkerung erhalten konnten (12: 67). Außerdem waren die Buchten ungemein fischreich. — In materieller und geistiger Kultur standen die Maoristämme der Ostküste obenan (21 III: 60). Die Traditionsgeschichte z. B. ist hier in einer klaren und ausführlichen Form erhalten wie sonst nirgends in ganz Neuseeland (11: 93). White, Gudgeon u. a. haben an der Ostküste eine Unmenge von Maoritraditionen gesammelt.

Die Taranaki-Küste. Unter der Siedlungsprovinz Taranaki ist der lange schmale Küstenstreifen zu verstehen, der sich vom Mokauflusse im N um den Mt. Egmont (den Taranaki der Eingeborenen), die Cook-Straße entlang bis zur Wanganuiebene erstreckt. Die Küstenebene stürzt in einer steilen Kliffküste zum Meere ab, welche außerordentlich felsig, zerrissen und zerklüftet ist (PS 16: 121 ff). Nach dem Inneren steigt die Küstenlandschaft leicht an, verliert ihren offenen Charakter, indem sie in einer Entfernung von mehreren km von der Küste in das unermeßliche Urwaldgebiet der Taranakiprovinz übergeht. Der langgestreckte Saum der offenen Küstenlandschaft war der Grund und Boden einer Anzahl von Stämmen und Unterstämmen, deren Stammesgebiete an der Küste sich wie die Glieder einer gewundenen Kette aneinanderreihten. Zahlreich war die Bevölkerung, die ihren nördlichen Nachbarn kulturell wenig nachstand. Taranaki ist als ein blutiger Kriegsschauplatz aus den furchtbaren Kämpfen zwischen Maori und Pakeha (= Weißer) bekannt. Der Taranaki-Maori war von kriegerischem Geiste beseelt.

Was die Taranaküste in siedlungsgeographischer Hinsicht vor allen anderen Küstenprovinzen auszeichnete, das waren die Hunderten von Pa, welche die ganze Küste entlang auf den platten Kliffhöhen lagen (PS 20: 71 f). (Skizze 4.) Viele Kliffelsen zeigen noch heute unzweifelhaft Reste ehemaliger Befestigungen. Besonders die stark ausgebauten Grenzfestungen der einzelnen

Stämme waren durch ihre Größe und ihre dominierende
Lage hervorstechende Erscheinungen der Küstenland-
schaft. Es waren strategische Stützpunkte von größter
Bedeutung für den Stamm. W. H. Skinner gibt in der
Beschreibung des Otumatua-Pa ein ganz charakteristisches
Beispiel dieser Grenzforts (PS 20: 71—77). (Skizze 5.)

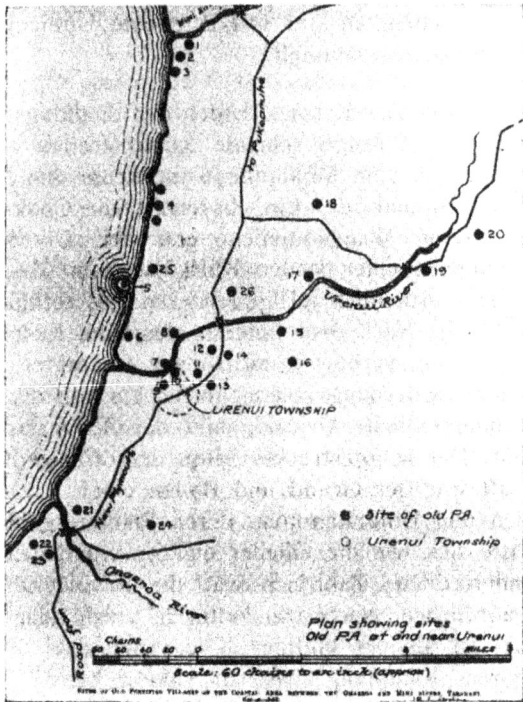

Skizze 4.

Dieser Pa lag ungefähr in der Mitte zwischen der Mündung des Mokauflusses und der heutigen Stadt New Ply-
mouth auf einem Küstenvorsprunge, der 70 m senkrecht
aus dem Meere ragte. An den Seiten hatte sich das Meer
tief eingeschnitten, so daß der Pa nur auf einer schmalen
Landseite von der Natur nicht geschützt war. Der Pa
gehörte den Ngatitama und bildete die südliche Grenz-

festung ihres Stammesgebietes, an welches sich das Stammmesland der feindlichen Ngatimutunga anschloß. Er war
ringsum mit Palisaden umgeben. Auf künstlichen Terrassen, die ihrerseits wieder durch Palisaden abgegrenzt
waren, standen die zahlreichen Hütten der einzelnen Familien und die Gemeindehäuser. Von dieser Höhe aus

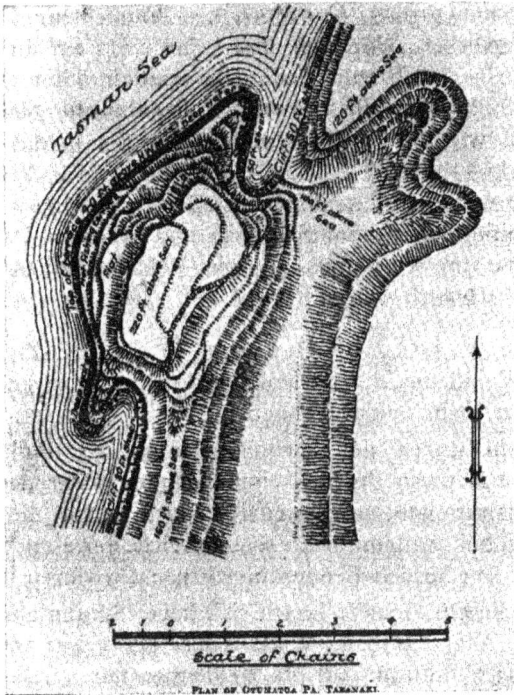

Skizze 5.

konnte man die ganze Küstengegend nach N und S beherrschen und durch Feuersignale die kleineren Pa bis
zu dem gewaltigen Kawau-Pa, der nördlichen Grenzfestung des Stammes, alarmieren (PS 16: 124).

Günstige Bedingungen für eine dichte Besiedlung
waren in dem Küstengebiet Taranakis von Natur gegeben.
Zwischen den reichen Fischgründen des Meeres und den

Sammel- und Jagdrevieren der Urwaldregion (PS 16:127) dehnte sich in der offenen Küstenlandschaft das Kulturland, die Maorigärten aus. Das Land lag gegen Norden, der Sonne zugewandt, die hier fast senkrecht auf den leicht geneigten Kulturboden brannte. Außerdem wuchs in Taranaki der beste neuseeländische Flachs (PS 17: 22), aus dem die Maori ihre Kleidung und viele andere Gegenstände mit großer Kunstfertigkeit herstellten. Die Besiedlung beschränkte sich aber keineswegs auf die Küste, sondern zog sich zum Teile sehr weit die Ufer der tiefeingeschnittenen Flüsse entlang, die ähnliche Siedlungsanlagen wie die Kliffküste boten, bis tief in das innere Taranaki (13: 165).

Selbst in dem Urwaldgürtel saßen einige Maoristämme, die hauptsächlich vom Sammeln und von der Jagd lebten, und im Verhältnis zu den Küstenstämmen naturgemäß schwach waren (PS 17: 18).

Die Wellington-Provinz. In dem SO-Zipfel der N-Insel sind uns die Besiedlungsverhältnisse in alter Zeit bis jetzt recht unklar geblieben.

Wohl waren der Nicholson-Hafen, die Palliser-Bai und die in diese Buchten einmündenden Täler des Hutt- und Wairarapaflusses besiedelt, jedoch scheint die Bevölkerung bei weitem nicht so zahlreich gewesen zu sein wie in den anschließenden nördlichen Provinzen.

In diesem Gebiete lassen sich keine Spuren alter Erdwerke, alter Gräben, Wälle oder Terrassen auffinden. E. Best nimmt an, daß die Siedlungen nur mit Palisaden befestigt waren; der Untergrund war zu felsig, die Erdkrume für Graben- und Wallanlagen nicht mächtig genug (13: 3/4).

Die zu Cooks Zeiten hier ansässige Maoribevölkerung gehörte trotz ihrer relativ geringen Zahl nicht einem einzigen Stamme oder einer zusammengehörigen Stammesgruppe an, sondern in ihr floß Stammesblut von der Ostküste und von dem Taranakigebiet. Eine solche Zersplitterung und Uneinheitlichkeit in der Bevölkerungszusammensetzung ist sonst nirgends in Neuseeland beobachtet worden (13: 4).

Der Norden der Südinsel. Im N der Südinsel, in den nördlichen Teilen der Provinzen Nelson und Marlborough bestanden in voreuropäischer Zeit zwei wichtige Siedlungsgebiete, die Waimeaebene und die Marlborough-Sunde, die sich im NO an die Waimeaebene anschließen. Ebenso wie in ihrer Natur, so zeigten diese beiden Gebiete auch in anthropogeographischer Beziehung krasse Gegensätze, insofern nämlich die Waimeaebene durch ausgeprägte Grabstockbaukultur den typischen Charakter der nördlichen Großprovinz trug, während das Sundgebiet — ohne Grabstockbau — eigentlich schon zur Südprovinz gehörte. Wir haben es hier mehr oder weniger schon mit einem Übergangsgebiete von der Nord- zur Südprovinz zu tun. — Für den Queen-Charlotte-Sund stehen uns die zuverlässigen Berichte von Cook, Forster und Andersen zur Verfügung, während uns für das übrige Sundgebiet und den Waimeadistrikt solche authentische Beobachtungen fehlen; wir sind vielmehr auf prähistorische, archäologische Forschungen angewiesen.

Das Sundgebiet. Die Marlborough-Sunde stellen ein ertrunkenes Talsystem dar. Der Queen-Charlotte- und der Pelorus-Sund sind nahezu 50 km lang und sind in ein Netz von zahllosen Nebenbuchten verzweigt, die von hohen Berghängen umschlossen sind und den Eindruck gewaltiger Amphitheater erwecken (291: 25). Üppiger Urwald hat selbst an den felsigen Steilhängen Fuß gefaßt. Nur die Gipfel der Berge waren zum Teil lichter und nur mit Farnbusch bekleidet.

Aus den alten Reisebeschreibungen wissen wir, daß die Maori des Queen-Charlotte-Sundes keine Grabstockbauer gewesen sind, sondern ein Fischervolk im wahrsten Sinne des Wortes (231: 173). Kulturlandschaft, wie wir sie vielfach auf der N-Insel vorgefunden haben, gab es hier so gut wie gar nicht. Pa waren nur in ganz geringer Zahl da, und dies waren Felsenfestungen an der Küste, die nur durch Palisaden befestigt waren. Die Siedlungen machten einen ziemlich verwahrlosten Eindruck. Sie wurden nur bei drohender Gefahr aufgesucht. So hatten sich die Maori auch bei Cooks Ankunft in diese ärmlichen Fliehburgen zurückgezogen, um sie jedoch bald wieder zu verlassen (21 II: 403). Sonst trieben sie ein unstetes Fischerleben in den geschützten Buchten des Sundes, wo sie an den schmalen, sandigen Ebenen der Buchten ihre primitiven Wohnhütten aufgebaut hatten (231: 156, 170). Doch waren diese nur zeitweilige Wohnstätten. Als Fischer hielten sich die Sund-Maori bald in dieser, bald in jener Bucht auf.

Da Cook im Queen-Charlotte-Sund mehrere Male und zu verschiedenen Jahreszeiten vor Anker ging, so konnte er und Forster sehr gut die Lebensweise dieses Fischervolkes beobachten. Im Sommer hielten sich die Maori hauptsächlich am äußeren Sunde auf, um dem Fischfang nachzugehen, während sie den Winter in den innersten Buchten zubrachten, „weil um diese Jahreszeit die Fische, als ihr vorzüglichstes Nahrungsmittel, sich eben dahin zurückzuziehen pflegen" (42 II: 352). Die Beweglichkeit, welche sie bei ihren häufigen Umsiedlungen an den Tag legten, war Cook fast unbegreiflich. Von verschiedenen Gegenden der Küste kamen Maorifamilien in die Nähe von Cooks Quartier und schlugen ihre Hütten auf, „so daß in der ganzen Bucht kein Plätzchen leer blieb". Die Baumaterialien hatten sie zum Teil von ihrem alten Wohnplatze mitgebracht. „In einer Stunde waren mehr als 20 Wohnungen fertig, wo vorher nur Gebüsch und Pflanzen standen" (231: 129/130). Ja sogar eine Umsiedlung von der N-Insel über die Cook-Straße nach der S-Insel haben Forster und Cook mit eigenen Augen verfolgen können (421: 168—174). Die einwandernden Nordinsulaner waren körperlich und kulturell den Sund-Maori überlegen, sanken jedoch sehr bald auf das Kulturniveau dieser Fischerstämme herab (42 II: 373).

Das Fehlen des Grabstockbaus drückte sich in der Besiedlung deutlich aus. Die Bevölkerung war sehr gering. Cook schätzte sie auf nur 400 Köpfe (21 II: 402). Es mögen allerdings mehr gewesen sein, da Forster in einer einzigen Nebenbucht allein über 200 antraf (42 II: 373).

Neben dem Fischfange bildete noch die Sammelkultur, das Graben und Sammeln der Farnwurzeln im Sundgebiet eine Lebensgrundlage. Nach den Farngründen auf dem Gipfel eines Berges führte ein Fußsteig, und dort, wo der Weg recht steil war, hatten sie ordentliche Stufen mit Schiefer ausgelegt (42 I: 380).

Als einen südlichen Ausläufer der Siedlungsprovinz des Queen-Charlotte-Sundes kann man im gewissem Sinne das Mündungsgebiet des Wairauflusses an der nördlichen Ostküste der S-Insel betrachten. Eine Reihe künstlicher Kanäle von einer Gesamtlänge von ca. 12 Meilen durchqueren noch heute die Lagunen und Sümpfe dieser Gegend. Die Kanäle waren durchschnittlich 3—4 m breit, 1—2 m tief, und schiffbar für alle Maorikanus, mit denen die Maori hier dem Fischfange und der Jagd auf bestimmte Wasservögel nachgingen, die zur Mauserzeit auf den Kanalwegen leicht zu fangen waren. Zu ständigen Ansiedlungen ist es hier nicht gekommen, da das Gebiet nur zur Fisch- und Vogelfangsaison von Expeditionen von N her aufgesucht wurde. Es ist allerdings anzunehmen, daß nur eine größere Organisation eine solche Kanalanlage, die bei einem neolithischen Volke naturgemäß lange Zeit in Anspruch nimmt, geschaffen haben kann (PS 21: 105/8).

Unklarer liegen die anthropogeographischen Verhältnisse im Pelorus-Sund. Seit 1855 sind beim Abholzen der Wälder hier sehr viele Spuren ehemaliger Besiedlung ans Licht gekommen. Neben zahlreichen Haufen von Muschelschalen, alten Feuerherden, Grabhügeln, Steinwerkzeugen usw., waren es insbesondere künstliche Terrassen, die auf Zeiten früherer Besiedlung zurückweisen. Die Terrassen waren vorzüglich auf schmalen, nach den Tälern zu auslaufenden Bergspornen angelegt, denen sie das Aussehen riesenhafter Treppen verliehen. In diese Terrasssen waren einfache und doppelte Gruben von verschiedenen Dimensionen eingegraben. J. Rutland, dem wir in der Hauptsache die siedlungskundlichen Forschungen im Pelorus-Sund verdanken, hält die Gruben für „ancient pit-dwellings", für Wohngruben. Er weist die Annahme mancher Ethnographen, daß es sich um Spechergruben für die Kumara — wie auf der N-Insel — handele, entschieden zurück, obwohl es verdächtig ist, daß diese Gruben oft in der Nähe anbaufähigen Landes angelegt sind und sich bis weit in das benachbarte Grabstockbaugebiet der Waimeaprovinz nachweisen lassen (PS 6: 81).

Es läßt sich leider nicht feststellen, in welcher Zeit diese Terrassensiedlungen bewohnt waren; es ist sehr leicht möglich, daß zu Cooks Zeiten im Pelorus-Sund dieselben Besiedlungsverhältnisse vorgeherrscht haben wie im Queen-Charlotte-Sund, und daß die Terrassen in eine ältere Siedlungsperiode gehören. Denn auch im Queen-Charlotte-Sund sind solche alte Wohngruben nachgewiesen worden. Aber weder Cook noch irgendein anderer älterer Forscher macht irgendeine Andeutung darüber.

Die Waimea-Ebene. Die Waimeaprovinz liegt an der weit nach S eingebogenen Tasmanbai, eingekeilt zwischen den östlichen und westlichen Gebirgsketten der Provinz Nelson, die sich „mit scharf gleichsam wie nach dem Lineal abgeschnittenem Steilrande", aus dem Hügellande herausheben (58: 253). In die Geröllmassen (Drift) hat sich der Waimeafluß in vielen Terrassen ein tiefes Tal eingegraben. Die alluvialen Flächen zu beiden Uferseiten waren einst — ähnlich wie im Waikatobecken der mittleren N-Insel — der Sitz einer blühenden Grabstockbaukultur.

Nach J. Rutland waren, zur Zeit der ersten Kolonisierung Nelsons durch die Europäer, ganze Landstriche des Waimeagebietes für den Ackerbau geradezu wertlos geworden infolge der zahllosen „Maori holes", d. h. Sandgruben, von denen die Maori ehemals Sand auf ihre Pflanzungen holten, um damit den Boden zu vermischen und zu verbessern (PS III: 220). Der auf diese Weise künstlich bearbeitete Boden ist noch heute von dem nicht-bebauten Lande leicht zu unterscheiden. Da nämlich die Maori zur Düngung Holzasche mit dem Erdreich vermengten, indem sie Holz und Buschwerk auf die Felder

Skizze 6. Aus Journal of the Polynesien Society. Bd. 32. S. 85.

brachten und da verbrannten (PS 32 : 85—93), so sticht die „Gartenerde" allein durch ihre schwarze Farbe von dem helleren, unbearbeiteten Tallehm stark ab, zumal die ehemaligen Gärten ganz scharf und geradlinig abgegrenzt waren. Am Unterlauf des Waimea sind die Flächen alten Kulturlandes auf ca. 1000 acres (über 400 Hektar) berechnet worden (Skizze 6). Die mit Sand und Asche bearbeitete Erdschicht ist 25 bis 40 cm mächtig (PS 32: 92). Alle diese Tatsachen weisen unzweifelhaft auf eine ganz intensive Gartenkultur hin. Die Gärten scheinen dabei die Größe von Feldern erreicht zu haben. Leider hat kein Forscher diese Kultur mit eigenen Augen geschaut.

Kaiapoi. Die Südgrenze der nördlichen Großprovinz bildete die Maorisiedlung Kaiapoi. Sie lag in den Canterburyebenen ungefähr in der Breite der Banks-Halbinsel, wenige Kilometer von der Küste entfernt. Nach ihr hat Skinner eine ganze ethnographische Kulturprovinz benannt, die den ganzen mittleren Teil der S-Insel umfaßt. Anthropogeographisch ist Kaiapoi insofern von ganz besonderer Bedeutung, als es den südlichsten Ausläufer der Grabstockbaukultur auf Neuseeland darstellte. Während man die ganze Westseite der S-Insel bereits zur großen Südprovinz ohne Grabstockbau rechnen muß, greift an der Ostseite die große nördliche Siedlungsprovinz weit nach S vor. Neben seiner intensiven Gartenkultur liegt die anthropogeographische Bedeutung Kaiapois in dem regen Handel und Tauschverkehr, den es zwischen der Nord- und Südprovinz vermittelte. Entlang der Ostküste der mittleren S-Insel soll früher eine Art Handelsstraße existiert haben, auf der ein lebhafter und regelmäßiger Verkehr von Siedlung zu Siedlung stattgefunden hat (101 III: 193). Der Haupthandelsartikel war die Kumara, die in der Umgebung von Kaiapoi über den eigenen Bedarf der Kaiapoi-Maori kultiviert wurde (12:7; TP 10: 62; 38: 398; 92: 183 f.).

Taro, Yams und der Kürbis (hue) gediehen in diesen südlichen Breiten nicht mehr (10 II: 355).

Südlich von Kaiapoi änderte sich das Siedlungsbild. Dem Fehlen des Grabstockbaus entsprach die bedeutend geringere Bevölkerung. Wir befinden uns in den südlichen Siedlungsprovinzen.

bb) *Die Binnenprovinzen.*

Das Waikato-Becken. Das Waikato-Becken war in alter Zeit eine Siedlungsprovinz von eigenem Charakter. Als Binnenlandgebiet unterschied es sich in Natur und Kultur einmal von den Küstenlandschaften, die unter sich vieles gemein hatten, zum anderen aber auch von den anderen binnenländischen Siedlungsprovinzen wie der Taupozone und dem Ureweralande. — Von der Aucklandzone durch ein bewaldetes Gebirgsland getrennt, erstreckt sich weiter im S das gewaltige Flußgebiet des Waikato, des größten Stromes Neuseelands. Seine Quellen liegen im Herzen der N-Insel; von da durchfließt er in NW-Richtung, tief eingeschnitten in die Bimssteinmassen des Zentralplateaus, die innere N-Insel. In seinem Mittellaufe dehnt sich an seinen Ufern ein weites Tiefland aus, das sogenannte mittlere Waikato-Becken. Nördlich davon wendet sich der Waikato in scharfer, rechtwinkliger Biegung nach der Westküste ab.

Das Flußtal des Waikato ist in seiner ganzen Erstreckung in anthropogeographischer Beziehung sehr interessant, ganz besonders aber der mittlere Teil, das mittlere Waikato-Becken. Mit dieser Bezeichnung charakterisiert v. Hochstetter diese Landschaft als eine nach allen Seiten abgeschlossene Provinz. Von der Höhe des Taupiriberges schaute er nach S mit Bewunderung auf die reizvolle Landschaft des mittleren Waikato-Beckens, die ihm, wie er sagt, einen ganz anderen Begriff von Neuseeland gab (57: 170).

Der Waikato ist keineswegs der einzige große Strom in diesem reichbewässerten Becken; zu diesem gehören vielmehr auch die weiten Niederungen des ruhig dahinfließenden Waipa, des Piako und der Thames mit allen den Nebenflüssen. Das ganze Waikato-Becken kann man geographisch als einen Komplex verschiedener Tallandschaften auffassen. Was diese alle mehr oder weniger gemein haben, sind zweifellos die regelmäßigen Terrassen, die wie Riesenstufen nach der Sohle der tiefen Erosionstäler führen. Sie bestehen aus lockerem Bimssteingeröll und anderem Gebirgsschutt. Die unterste Terrasse längs der Flüsse ist ein breiter Streifen fruchtbaren Alluviallandes. Diese natürlichen Gegebenheiten spiegeln sich in der Besiedlung wider.

Die alte Kultur der Waikato-Maori kann man am besten als Stromkultur charakterisieren, jedoch nicht im Sinne der orientalischen Stromkulturen mit ihren glänzenden Bewässerungsanlagen, sondern insofern, als die Flüsse, namentlich der Waikato, die Pulsader des ganzen Völkerlebens darstellten. Obwohl die Waikatostammesgebiete sich über das Waikato-Becken hinaus bis zur Westküste erstreckten, so konzentrierte sich doch die Bevölkerung und damit die Kultur an den Flußläufen des Waikato und Waipo, der im nördlichen Teile des Bekkens in den Waikato mündet.

Angas, der 1844 den Waikato aufwärts fuhr, schätzte die Waikato-Maori auf 25 000, eine im Verhältnis zur Gesamtbevölkerung recht beträchtliche Zahl. In voreuropäischer Zeit waren es vermutlich noch viel mehr. 6—7000 Krieger konnten sie stellen (3 II: 50). Aus den schweren Kämpfen der Engländer gegen die gefürchteten Waikato können wir die Stärke dieser Maoristämme ermessen. Hier im Stromlande des Waikato und Waipa waren sich die Eingeborenen ihrer Kultur und des Wertes ihres alten, heiligen Stammlandes sehr wohl bewußt. Mit aller Zähigkeit hingen sie an ihm. In ihrem Lande war die Residenz des Maorikönigs, der die heftige Opposition gegen die englischen „land-sharks" mit kluger Politik leitete und das „King Country" verteidigte.

Die Waikato-Maori waren, wie Dieffenbach sagt, „the finest set of people in New Zealand" (291: 334). Wieder war es der Grabstockbau, auf dem die Besiedlung basierte, ganz ähnlich wie in den nördlichen Aucklandzonen; aber doch welche großen Unterschiede zwischen beiden Siedlungs- und Kulturprovinzen!

Hier im Waikatobecken gab es nicht die merkwürdigen Maoriburgen auf unzähligen Kegelbergen, umgeben von ausgedehntem Kulturland. Es waren vielmehr die

ebenen, fruchtbaren Flußterrassen in dem abgeschlossenen Tieflande, auf welchen die Kulturarbeit der Maori in
Erscheinung trat. Auf der tiefsten Flußterrasse mit rezen-
tem Flußalluvialboden reihte sich Garten an Garten, hier
und da unterbrochen durch Kahikatea-Auenwälder. Auf
den höheren Terrassen, an den alten Hochufern der
Flüsse, wechselten Kainga und Pa, Wälder, Gärten und
Farnheiden in steter Folge miteinander ab (3 II: 43; 57:
177) Skizze 7. Intensiv wurde der Grabstockbau betrieben. Von den höheren Terrassen holte man den
lockeren Bimssand herunter, um den schweren Aulehm
lockerer und ertragsfähiger zu machen. Zahlreiche Bims-
sandgruben legen noch heute Zeugnis davon ab (10 II:

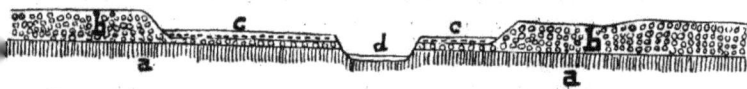

Skizze 7. Anbau- und Siedlungsterassen am unteren Waipa.
a: Tertiärer Ton- u. Sand.   b: Bimssteinterrasse-Siedlungsland.
c: unterste Flußterrasse (Aulehm)-Gartenland.   d: Waipabett.

374; 12: 60). Neben dem Grabstockbau spielte in den
Seen und Flüssen der Fischfang eine wichtige Rolle, und
zwar vor allen Dingen der Aalfang, der für alle Binnenprovinzen charakteristisch ist. Reiche Aalgründe waren
weniger die großen Flüsse wie der Waikato, der mehr
als Verkehrsweg und einzige bequeme Zugangsstraße
zum Meere diente, als vielmehr kleinere Nebenflüsse und
die vielen Sümpfe und Lagunen des Waikato-Tieflandes.
Interessante Beobachtungen über die „Aalzucht" der
Maori verdanken wir A. Reischek. In der Sumpfland-
schaft am mittleren Waipa fand dieser Forscher viele
künstlich gezogene Wassergräben von 1—2 m Breite, in
denen die Maori mit Aalwehren und langen Reusen Un-
mengen von Aalen fingen. Auf den Inseln standen merkwürdige Trockenhütten, hohe, lange Holzhütten, deren
Dächer auf Säulen und Baumstämmen ruhten. Auf befestigten Querstangen hingen die Aale zum Trocknen,
über 1000 in jeder Aalhütte (81: 196).

Die Taupozone. Das gewaltige, vulkanische Zentralplateau der N-Insel war im Verhältnis zu den umliegenden Provinzen, zu dem Waikato-Tieflande und zu den Küstengebieten in alter wie neuerer Zeit recht dünn bevölkert. Innerhalb der ausgedehnten, öden Bimsteinsteppen und den wilden, unwegsamen Waldregionen war es eine nur kleine Zone, auf die sich die Besiedlung vorwiegend beschränkte. Das waren die Ufer des Taupo-Sees und seine nähere Umgebung und weiter im NO der eigentliche Seendistrikt, besonders der Roto-rua-See. Abgesehen von der Mission hat sich in diesen zentralgelegenen Gebieten der europäische Einfluß erst spät bemerkbar gemacht, so daß Dieffenbach, Angas und v. Hochstetter um die Mitte des vorigen Jahrhunderts den Taupo-Maori im großen und ganzen in ursprünglichem Gewand kennengelernt haben.

Die Siedlungen lagen meist an der Mündung der Flüsse in den Taupo-See. Das fruchtbare Flußalluvium stand unter Kultur; Kumara und Taro wurden angebaut. Das Waikato-Delta im S des Taupo-Sees bildete, wie v. Hochstetter sagt, eine wahre Kornkammer, während die Bimssteinflächen nur einen ärmlichen Ertrag lieferten (57: 245; 3 II: 108/9).

Die Siedlungen waren ferner in hohem Grade an den Wald gebunden, der jedoch nur in kleineren Beständen zur Verfügung stand. Wald bedeutet Fruchtbarkeit des Bodens. Deshalb lagen die Siedlungen, soweit sie nicht an einem See angelegt werden konnten, und ebenso die Pflanzungen am oder gar im Walde (29 I: 329/30, 346, 366, 378). An den Abhängen, die zum Rotorua-See herabfielen, scheint die Gartenkultur der Maori rege betrieben worden zu sein. Stellenweise waren die Abhänge zu Dieffenbachs Zeiten noch mit Wald bedeckt, in der Hauptsache aber offen und mit verschiedenen Farnen bekleidet. Um Gartenland zu gewinnen, brannten die Maori den Wald ab, dessen Asche zur Düngung des Bodens diente. Da sich dieser aber sehr leicht erschöpfte, wurde Jahr für Jahr immer mehr Waldland urbar gemacht. Brachliegendes Anbauland erkannte man später am Farnbusch, der sich überall entwickelte, wo einst Wald gestanden hatte (29 II : 388/9).

Die befestigten Pa wurden vorwiegend an weit in die Seen vorspringenden Landzungen angelegt, so am Taupo-See (57: 246; 3 II: 125) und dem weiter südlich liegenden Roto - aira - See (29 I : 346; 3 I : 121). Aus der Maori-geschichte ist die Insel Mokoia im Rotorua-See als Festung bekannt. Die Insel steigt über 100 m steil aus dem Wasser empor. 5000 Eingeborene soll dies alte Maori-fort einst gefaßt haben (29 I: 394; 24: 158). Reiche, präch-tige Schnitzereien an den Holzbauten der Siedlungen der Taupozone legen Zeugnis von der hohen Kultur der binnenländischen Maori ab (3 II: 127; 57: 285). Sie waren ein gesunder, starker Menschenschlag, der hier an den kalten und heißen Seen, im Gebiete der Geysern und der heißen Quellen, deren Heilwirkung die Maori sehr wohl kannten, aufgewachsen war (3 II: 211). Zum Schutze gegen den nächtlichen Frost bauten sie zuweilen ihre Hütten direkt über heiße Quellen (3 II: 114). Ihre Kumaraknollen kochten sie in den heißen Quellen, während die Maori anderer Gebiete sie nur in Steinöfen, zwischen heißen Steinen zu rösten pflegten (29 I: 388/9; 54: 54).

Nur an Zahl waren ihnen andre Stämme überlegen, obgleich sie stets ihr Stammesland gegen die Überfälle der gefürchteten Waikato erfolgreich verteidigt hatten. Ihr Häuptling Te Heuheu war zu v. Hochstetters Zeiten über die ganze N-Insel berühmt. Ihm ward bei der großen antieuropäischen Nationalbewegung der Maori die Königswürde angetragen. Doch er lehnte ab und schlug — das ist sehr bezeichnend — eine der zahlreichen „See-schlangen" (d. h. kriegstüchtigen Häuptlinge) am Wai-kato vor (81: 135).

Das Tuhoe-Land. Das Tuhoe- oder Urewera-Ge-birgsland der nordöstlichen Halbinsel der N-Insel bildete insofern eine selbständige Siedlungs- und Kulturprovinz, als Anbau von Pflanzen vollkommen fehlte und auch der

Fischfang eine nur geringe Rolle spielte. Auf Grund dieser Tatsachen ist das Tuhoe-Land eine Ausnahmeerscheinung innerhalb der nördlichen Großprovinz.

Die Bergstämme des Tuhoe-Landes waren nur klein und gering an Zahl. Sie wohnten in „bush-hamlets", kleinen Siedlungen, die nur aus wenigen Hütten bestanden und mitten im Walde an kleinen Rodungsstellen angelegt waren (TP 35: 46). Die Kultur der Tuhoe-Maori war ausschließlich Sammelkultur und Vogelfang. Der Tuhoe-Maori war ein ganz ausgezeichneter Vogelfänger in den unermeßlichen Wäldern seines Stammeslandes (38: 113 ff.). In dem stark zerklüfteten, wilden Gebirge mit seinem dichten Urwald war der Grabstockbau nicht möglich. Das ganze Tuhoe-Land hat keine größeren Flüsse und Flußebenen; in ihm liegen nur die Quellen einiger Flüsse. Auch Seen gibt es im eigentlichen Tuhoe-Lande nicht, sondern nur in Außengebieten, die erst in europäischer Zeit durch Eroberung hinzugekommen sind. Nur Wald und Gebirge zeichnen das Tuhoe-Land aus. Die materielle und geistige Kultur war nirgends wie hier auf den Wald eingestellt. Wir haben es im Tuhoe-Lande mit einer ausgesprochenen Waldsiedlungsprovinz zu tun (103 : 24). Das sagt aber keineswegs, daß die Tuhoe-Maori schwach und leistungsunfähig gewesen wären. Trotz ihrer geringen Zahl waren sie ungemein widerstandsfähig. Durch das rauhe Gebirgsklima waren sie abgehärtet worden (10 II: 35). Sie waren von kleiner, kräftiger Gestalt, unterschieden sich aber rassenmäßig nicht merklich von anderen Stämmen. Ihre Überfälle auf die benachbarten Grabstockbau- und Fischervölker waren gefürchtet; sie galten als „fast-travelling bushmen" (24: 16). Im Walde waren sie unbezwingbar. Pa brauchten sie nicht. Wald und Schluchten boten ihnen genug Schutz (10 II: 306). Die Tuhoe-Stämme haben bis heute ihre Rasse und Kultur am reinsten bewahrt, wenn sich auch durch den Anbau europäischer Kartoffeln die Lebensverhältnisse verändert haben.

b) Die südliche Großprovinz.

Wenn wir die Teilung Neuseelands in eine nördliche und eine südliche große Siedlungsprovinz prinzipiell nach dem Vorhandensein oder Fehlen des Pflanzenanbaus getroffen hatten, so ist damit die südliche Großprovinz schon charakterisiert. Ein weiterer Unterschied zwischen den beiden Provinzen bestand in der Hausform, indem in den südlichen Gebieten der S-Insel und auf den Chatham-Inseln an Stelle des rechteckigen der kreisförmige Grundriß trat (PS 30:73/4). Mit dem Grabstockbau fehlte in der südlichen Großprovinz der Faktor, der in der nördlichen die Grundlage der Besiedlung und Kultur bildete. Schon im Norden der Südinsel hatten wir keineswegs das zusammenhängende Bild der Besiedlung feststellen können, das im großen und ganzen die N-Insel auszeichnete, sondern sie war auf einzelne Distrikte (Waimea, Kaiapoi) konzentriert, Gebiete, in denen der Grabstockbau rege betrieben ward.

In den Provinzen Otago, Southland und Westland und ferner auf den Chatham-Inseln, wo der Grabstockbau völlig wegfiel, war die Bevölkerung über große Gebiete zerstreut und zersplittert, aufgelöst in eine Anzahl kleinerer Familiengruppen (PS 30: 74). Die Gesamtbevölkerung der großen Südprovinz betrug wohl kaum vielmehr als ein oder zwei der großen Pa der N-Insel fassen konnten.

Der Maori der südlichen S-Insel und Westlands war also nicht Grabstockbauer, sondern Fischer, Sammler und in Waldgebieten Vogelfänger. Den Maorihund treffen wir in diesen südlichen Breiten noch an, und zwar als Haus- und Schlachttier (TP 52: 54/5).

Vereinzelte Siedlungen soll es am Anfange des vorigen Jahrhunderts an der Ostküste der südlichen S-Insel gegeben haben. Nach den Aussagen alter Walfischfänger hat auf der Otago-Halbinsel eine Maorisiedlung mit zahlreicher Bevölkerung bestanden. Es ist aber nicht unwahrscheinlich, daß die Ansammlung von Eingeborenen zum guten Teil in der Errichtung einer Walfischfängerstation ihre Ursache hat, wodurch den Maori die Möglichkeit des

Handels und Verkehrs mit Europäern erleichtert wurde (70: 372).

Ganz unbewohnte Gebiete scheint es jedoch, die Südlichen Alpen ausgenommen, nicht gegeben zu haben. Selbst in der Wildnis der Fjords im SW haben Cook und Forster einzelne Familien angetroffen, die vom Sammeln verschiedener Wurzeln und Beeren und vom Fisch- und Vogelfang lebten (221: 101; 421: 99, 130). Auch an der Küste der Westlandprovinz, am Rande des dichten Regenwaldes hatten sich einzelne Familiengruppen zur Zeit, als B r u n n e r (1847) Westland erforschte, niedergelassen (15: 344 ff.).

Ein alter Pa am Te Anau-See, östlich des Fjorddistriktes, den T. W h i t e um die Mitte des vorigen Jahrhunderts dort im verfallenen Zustande antraf, deutet darauf hin, daß selbst diese innere Zone einst bewohnt war (TP 26: 513).

Nach dem äußersten S zu nahm die Maoribevölkerung im allgemeinen wieder zu. Das betraf namentlich die Inseln der Foveaux-Straße und die Stewart-Insel (70: 367).

Die C h a t h a m - I n s e l n. Ein besonderes Siedlungsgebiet der südlichen Großprovinz bildeten die Chatham-Inseln, die ganz isoliert ca. 600 km von Neuseeland entfernt liegen. Als Kapitän B r o u g h t o n 1791 diese Inseln entdeckte, waren sie von den sog. Moriori bewohnt. Ihre Zahl war gering; sie betrug schätzungsweise 1200 bis 2000 (90: 12; 28: 207; TP 26: 23; PS 1: 160/1).

In der Rassenzusammensetzung zeigten sie nur geringe Unterschiede von den Maori. Nach A. S h a n d, der lange Jahre unter ihnen gelebt hat, waren sie eine Mischrasse von Polynesiern und Melanesiern, ähnlich wie die Maori von Neuseeland (87: 2/3; 97: 576). Kulturell standen die Moriori unter den Maori. Sie waren Sammler, Fischer und Jäger. Grabstockbau hatten sie nicht (100: 16; 97: 577; PS 30: 74).

Ständige Wohnstätten brauchten sie als wandernde Sammler- und Fischervölker nicht. Auf ihren sonderbaren, aus Pflanzenmaterial geflochtenen, floßähnlichen Kanus, den „wash-through boats", die 60 bis 70 Mann tragen konnten, wagten sie sich 15 bis 20 Meilen von den Inselküsten auf kleinere Inseln, die sie zum Zwecke des Vogelfanges aufsuchten (88: 10; 97: 577).

Ihre zeitweiligen Siedlungen waren klein und unbefestigt und lagen an den Rändern der Buschwälder oder an der Küste (97: 576). Ihre Hütten hatten — wie im S der S-Insel, aber im Gegensatze zur nördlichen Großprovinz — kreisförmigen Grundriß; sie waren sehr leicht gebaut und primitiver Art (PS 30: 74). Die Moriori waren ein gänzlich unkriegerischer, feiger Menschenschlag, der 1835 bei der Übersiedlung eines Maoristammes den kriegerischen, körperlich überlegenen neuseeländischen Kannibalen sehr bald zum Opfer fiel (100: 16).

5. Wechselbeziehungen zwischen den Siedlungsprovinzen.

Die Siedlungsprovinzen waren keine abgeschlossenen Einheiten, die selbständig nebeneinander bestanden, ohne sich gegenseitig zu beeinflussen. Wie zwischen Stämmen und Unterstämmen, so fand zwischen den Siedlungsprovinzen ein reger Verkehr kriegerischer und friedlicher Art statt, der sich über die ganze Inselgruppe erstreckte. Land- und Wasserwege verbanden die einzelnen Teile Neuseelands.

Die Landwege waren sehr primitiv. Es waren einfache Fußpfade, die durch wiederholte Benutzung desselben Weges schließlich ausgetreten wurden (57: 149). Sie verliefen, selbst im dichten Urwalde, in ganz gerader Richtung, soweit es die Terrainverhältnisse gestatteten. Die Maori zeigten in dieser Hinsicht ein ungemein feines Orientierungsvermögen. Vorzüglich führten solche „Durchhaue" auf den Wasserscheiden entlang (57: 149; PS 16: 129; 38: 432). Die Wasserscheiden (Bergrücken, Kammwege) boten verschiedene verkehrsgeographische Vorteile; es sind über ihre Nachbarschaft herausgehobene Säume, die sich durch verhältnismäßige Trockenheit und Festigkeit des Bodens und folglich auch durch weniger dichten und hohen Pflanzenwuchs auszeichnen. Außer der hieraus sich ergebenden größeren Gangbarkeit der Wasserscheiden ist die Orientierung über die Umgebung außerordentlich leicht, ein Moment, das bei den kriegerischen Maori eine sehr große Rolle gespielt hat — zumal in waldreichen Gegenden. Ähnliche Verhältnisse hatten wir schon für die Lage der Pa festgestellt. „Few people admire an extensive view more than the Maori", sagt P. Smith, einer der besten Maorikenner (PS 16 : 129).

Selbst die gewaltigen Urwaldregionen durchquerten die Maori auf ihren schmalen Pfaden, welche mitunter die ganze N-Insel von der Ost- bis zur Westküste oder von Auckland bis zur Cook-Straße kreuzten. Sie gestatteten nur den Gänsemarsch. Das war auch die Schlachtordnung, in welcher die „tauas", die Kriegsmannschaften, vorrückten, die oft eine unabsehbare, lange Kette bildeten (PS 16: 129). Nach Möglichkeit suchten die Maori naturgemäß die verkehrsfeindlichen Urwälder zu umgehen und zogen die offenen Küstenstreifen vor. Eine sehr wichtige Verkehrs- und Heerstraße führte z. B. von der Aucklandzone an der Küste entlang durch das ganze Taranakigebiet bis zur Cook-Straße und setzte sich auf der S-Insel an der Westküste bis ins Fjordgebiet und an der Ostküste — wenige km vom Meere entfernt — bis Kaiapoi und darüber hinaus fort. Bezeichnend für die hohe Entwicklung des Verkehrs zwischen den Siedlungsprovinzen ist die Tatsache, daß einige wichtige Verkehrswege die Ost- und Westküste der S-Insel über verschiedene Alpenpässe verbanden (2: 39; 38: 421 ff. mit Karte; PS 21: 141).

Das Meer, die Seen und Flüsse dienten den Maoristämmen dazu, Beziehungen zwischen ziemlich entfernten Gebieten herzustellen oder aufrechtzuerhalten. Die enge Gebundenheit der Maori an das Wasser war schon durch die Schaffung des Lebensunterhaltes aus dem Fischfang bedingt. Damit im Zusammenhange steht der hohe Stand der Schiffahrt mancher Stämme. Wo es nur irgend möglich war, nutzte der Maori die leichtere und schnellere Transportgelegenheit mittels seines Kanus aus. Selbst auf den reißenden Gebirgsflüssen Westlands fuhren die Maori mit ihren Kanus (38: 433). Die größeren Flüsse der N-Insel, ganz besonders der Waikato, der einen bequemen Zugang zum Meere bildete, waren die Hauptverkehrsadern. Für größere Expeditionen kam in erster Linie der Wasserweg in Frage. Mit ihren gewaltigen, zum Teil mit Segel ausgestatteten Kanus legten die Maori große Strecken in kurzer Zeit zurück. Ganze Flotten wurden im Kriegsfalle ausgesandt. Die Cook-Straße wirkte in dieser Hinsicht eher verbindend als trennend, ähnlich wie die Seen der Nord-Insel (38: 433). Die ruhigen Meeresbuchten an der Ostküste vermittelten den Verkehr zwischen den Küstenprovinzen (PS 16: 130 f.).

Ganz anders war es an der Wetterseite, an der den Weststürmern preisgegebenen Westküste. Es ist bezeichnend, daß wir hier auf dem offenen Küstenstreifen den wichtigen Landweg, die nordsüdliche Heerstraße antreffen, die wir an der Ostküste nicht entfernt in dieser ununterbrochenen Linie nachweisen können.

Um von der Ost- zur Westküste der N-Auckland-Halbinsel und umgekehrt schnell zu gelangen und die Umsegelung des Nordkaps zu umgehen, schleppten die Maori die Kanu über die schmalen Stellen des Auckland-Isthmus (57: 82; 38: 433).

Welcher Art war nun der Verkehr, dem die Land- und Wasserwege dienten?

Auf die Bedeutung des Krieges ist schon mehrfach hingewiesen worden. Der Maori war ein leidenschaftlicher Krieger. Selbst die in ihrem Gebirge ziemlich isolierten Tuhoe waren ein äußerst kriegerischer Stamm, der seine Nachbarn nie in Frieden ließ. Eine für das ganze Völkerleben des alten Neuseeland sehr charakteristische Begleiterscheinung der Stammeskriege war der furchtbare Kannibalismus, der zu Kriegszeiten geradezu an der Tagesordnung war und unter der Bevölkerung stark aufräumte. Doch hatten diese kriegerischen Beziehungen auch ihre Vorteile, indem sie ein Verschmelzen verschiedener Provinzen in kultureller Hinsicht zur Folge hatten, — dies geschah namentlich durch Kriegsgefangene, die als Sklaven für den Eroberstamm arbeiteten und bestimmte Kulturfähigkeiten mitbrachten.

In Friedenszeiten fand jedoch unter den einzelnen Stämmen ein reger Tauschhandel statt, der auf dem Prinzipe des Geschenkes und Gegengeschenkes beruhte (70: 360; 14: 59).

Die verschiedenen, wirtschaftlichen Grundlagen der Küsten- und Binnenprovinzen, weiterhin der nördlichen und südlichen Großprovinz, haben zwischen diesen zu weitgehenden wirtschaftlichen Beziehungen geführt. Seefische wurden gegen Aale, Kumara gegen konservierte Waldvögel ausgetauscht (101: 193). Die Maori der südlichen S-Insel gelangten dadurch in den Besitz von Kumara von Kaiapoi. Wahrscheinlich erhielten die Südinsulaner sogar Taro und Hue von der N-Insel (TP 52: 67).

Der wichtigste Handelsartikel war zweifellos der Punamu, der neuseeländische Grünstein, nach dem die Maori die S-Insel Te Wai Punamu nannten. Seine Fundstelle war ein sehr beschränktes Gebiet in Westland, wo er als Geschiebe in den Flüssen vorkam. Er gab das beste Material für Waffen, Werkzeuge und Schmuck ab. Durch den Tauschhandel war er in großer Menge bis in den äußersten Norden gelangt. Fahrten wurden von der N-Insel nach Westland unternommen, um den wertvollen Stein zu erbeuten (PS 17: 59/61). Zu ebendiesem Zwecke wurden von der Ostküste aus die Alpenpässe überschritten (57: 49). Schwer beladen mit Punamu kehrten die Expeditionen auf demselben oder einem bequemeren Passe zurück (PS 21: 141; 38: 436; 14: 77/78). Durch seine Handlichkeit spielte der Punamu soz. die Rolle des Geldes. Als die Maori mit den europäischen Münzen bekannt wurden, sprachen sie von dem Punamu als der „Maorimünze" (39: 463 ff.). Die Expeditionen dauerten oft sehr lange.

Es ist kennzeichnend für alle Maori, daß sie gern reisten. Jeder Maori höheren Standes mußte gewissermaßen auf die „Wanderschaft" gehen. Er besuchte fremde Stämme, berühmte Häuptlinge oder Maori, die sich als geschickte Künstler oder ausgezeichnete Grabstockbauer einen Namen gemacht hatten (PS 17: 115). Dabei konnte er auf die Gastfreundschaft in der Fremde unbedingt rechnen. Er erwiderte diese mit wertvollen Geschenken. Dieffenbach fiel es auf, daß er so oft in Maorisiedlungen Besucher aus fernen Teilen Neuseelands antraf (29 II: 72). So kam es zum Güter- und Gedankenaustausch. Die Kunde von Ereignissen verbreitete sich schnell von Stamm zu Stamm über das ganze Land. Wirtschaftliche Beziehungen wurden bei dieser Gelegenheit angeknüpft und Bündnisse von Stämmen geschlossen.

Politisch - wirtschaftlichen Hintergrund hatten wohl auch die großen Feste, zu denen aus weitem Umkreise die Maoristämme zusammenkamen. Große Bedeutung legten die Maori diesen Veranstaltungen bei. Schon ein Jahr vor einem Feste baute der gastgebende Stamm besondere Kumaragärten an. Ungeheuere Massen von Nahrungsvorrat wurden aufgespeichert, z. B. auf den gewaltigen Hakarigerüsten, um den Tausenden von Gästen den Reichtum des Stammes zur Schau zu stellen (TP 13: 13; 38: 310 f.; 14: 64).

C. Hauptteil II.
Genetische Betrachtung der Besiedlung des alten Neuseeland.

Schon seit Cooks Zeiten wissen wir, daß die Maori vor Jahrhunderten in Neuseeland eingewandert sind. Bevor wir aber auf die Einwanderung selbst eingehen, ist es angebracht, 1. die natürlichen und kulturellen Verhältnisse Neuseelands vor der Einwanderung der Maori, d. h. mit anderen Worten Urlandschaft und Urbevölkerung Neuseelands darzulegen und 2. uns einen Überblick über das Natur- und Kulturmilieu der Maori vor ihrer Einwanderung in Neuseeland zu verschaffen.

1. Neuseeland vor der Einwanderung der Maori.

a) Urlandschaft.

Es ist sehr zweifelhaft, bis wann wir für Neuseeland überhaupt eine vom Menschen unbeeinflußte Urlandschaft ansetzen können, da wir über das erstmalige Auftreten des Menschen auf neuseeländischem Boden nicht unterrichtet sind. Doch tut dies wenig zur Sache. Denn die Urlandschaft läßt sich leicht aus den Vegetationsverhältnissen zu Cooks Zeiten rekonstruieren, indem wir die damalige Naturlandschaft über die räumlich stark zurücktretende Kulturlandschaft uns erweitert denken. Die Großlandschaften hatten bis zum Anfange der europäischen Kolonisation ihr ursprüngliches landschaftliches Gepräge beibehalten. Nur Kleinlandschaften wie die einzelnen Vulkankegel von Auckland, schmale Küstenstreifen Taranakis oder alluviale Flußtäler (Waimea, Waikato) waren durch die Kulturarbeit der Maori völlig umgestaltet worden, ohne daß jedoch ganze Vegetationsformationen aus der Landschaft verschwunden wären. Von der Tierwelt sind allein die Moavögel durch die voreuropäische Bevölkerung den neuseeländischen Inseln verlorengegangen.

Über das Raumverhältnis des Waldes zur offenen Landschaft in früherer Zeit gehen die Meinungen auseinander. Trotz der großen Waldbrände, von denen die Tradition erzählt (70: 364) und trotz verschiedener Funde halb-fossiler Baumstämme in jetzt waldlosen Gegenden, scheint jedoch die Verbreitung der Waldgebiete seit den Anfängen der Besiedlung Neuseelands durch die Maori bis zu Cooks Zeiten, — und wahrscheinlich noch lange vor dieser Periode, — im großen und ganzen dieselbe gewesen zu sein (30: 221; TP 1: 158). Daß von jeher große offene Landschaften in Neuseeland existiert haben, zeigt auch die Tatsache, daß bis vor wenigen Jahrhunderten seit Urzeiten die riesenhaften Laufvögel Neuseeland bevölkerten, die sich unmöglich in einem Waldgebiete hätten entwickeln und erhalten können.

b) Urbevölkerung.

Die schwierige Frage nach der Urbevölkerung ist bereits seit der Mitte des vorigen Jahrhunderts vielfach von wissenschaftlicher Seite aufgeworfen worden, hat aber bis heute keine endgültige Erledigung gefunden.

Sicher hat eine Vor-Maoribevölkerung existiert. Darauf weisen viele Überlieferungen der Maori und außerdem archäologische und ethnologisch - anthropologische Forschungen hin.

Die Tradition der Maori wirft ein Licht selbst in das tiefe Dunkel, das die Zeit vor den polynesischen Einwanderungen umhüllt — und zwar, wie wir später sehen werden, auch in anthropogeographischer Hinsicht. Sie berichtet von einer zahlreichen, eingeborenen Bevölkerung, den Maruiwi oder Moriori, — manchmal auch Tangatawhenua genannt, — denen sie primitive Rassenmerkmale zuschreibt, die auf einen starken melanesischen Einschlag der Urbevölkerung schließen lassen (PS 26 : 149/150; 11 : 23). Die Maruiwi hatten nach der Tradition einst die Küstenlandschaften der ganzen Nordhälfte der N-Insel in Besitz gehabt, aus denen sie später durch die Maori in das Innere oder nach S gedrängt worden sind. Die Anthropologen nehmen eine australoid-melanesische Vor-Maoribevölkerung an, obwohl es auch möglich ist, daß die Maori durch Berührung mit melanesischen Südseevölkern bereits vor ihrer Einwanderung melanesisches Blut in sich aufgenommen hatten. Die australische Komponente in der rassenmäßigen Zusammensetzung der Maoribevölkerung hat Wilhelm Volz als erster erkannt und als solche bezeichnet (1895).

Ob wir nun mit Volz eine besondere australische Bevölkerung als älteste Schicht annehmen, über die sich später eine melanesische legte (99 : 43 ff.), oder ob wir mit Mollison der Möglichkeit Rechnung tragen, daß melanesische Beimischungen der Maori früher bereits die Träger der australoiden Form gewesen sind (72: 558), bleibt für uns von untergeordneter Bedeutung. Denn wir befinden uns erst mit der Periode der australoid-melanesischen Maruiwibevölkerung auf einigermaßen festem Boden, um sie anthropogeographisch für die späteren Perioden auswerten zu können.

Sehr wahrscheinlich waren die Maruiwi kein autochthones, sondern ein eingewandertes Volk. Die Besiedlung Neuseelands durch sie vor der Einwanderung der Maori ist mit großen, melanesischen Wanderbewegungen vom Malaiischen Archipel über große Teile der Südsee hin in Zusammenhang zu bringen.

Das hat schon W. Volz 1895 als Tatsache hingenommen, obwohl er selbst das mindeste von einer melanesischen Wanderung in Sagen und alten Überlieferungen vermißte (99: 46). Inzwischen hat sich nun herausgestellt, daß sich sehr wohl Maoritraditionen von vorpolynesischen Einwanderungen einer andersartigen Bevölkerung erhalten haben. Diese sollen einst in mehrere Kanus, deren Namen sogar genannt werden, von ihrer Heimat nach einer langen Irrfahrt durch einen nordwestlichen Sturm an die Taranakiküste verschlagen worden sein und sich da niedergelassen haben (101: 42 f.).

Was uns die Maoritradition, so lückenhaft sie auch sein mag, von Rasse und Herkunft jener alten Ansiedler erzählt, bestätigt in jeder Weise die Annahme von Volz einer melanesischen Einwanderung von NW her, worauf nach ihm schon die Art und Weise der Verbreitung melanesischer Völkergruppen deutet (99: 45). Bezeichnend ist, daß solche Traditionen von melanesischen Wanderungen, die sicher sehr weit zurückliegen, sich gerade auf Neuseeland bewahrt haben. Wahrscheinlich sind die Melanesier in dieses abseits gelegene Grenzgebiet ihrer Verbreitung am spätesten gelangt. Dabei ist zu bedenken, daß sich diese altmelanesische Geschichte nur durch die Maoritradition so lange erhalten hat; denn die Melanesier selbst vergessen zu leicht die Wanderungen ihrer Vorfahren und neigen eher dazu, sich als autochthon, als aus dem Boden der betreffenden Insel erwachsen, zu betrachten (77: 108, 123).

Die australisch-melanesische Urbevölkerung hat sich nirgends in Neuseeland rein erhalten, sie ist vielmehr in den später eindringenden Maori aufgegangen oder, — mehr oder weniger mit polynesischen Elementen vermischt — in das Innere der N-Insel, nach S auf die S-Insel oder gar auf die Chatham-Inseln verdrängt worden, wie wir nach der Tradition annehmen müssen. Sonderbar dabei ist aber, daß wir in diesen Rückzugsgebieten keineswegs die erwartete Urbevölkerung vorfinden, sondern im Gegenteil eine weit reinere polynesische Bevölkerung, was Rasse und Kultur betrifft, als in dem früheren Siedlungsgebiet der Maruiwi, wo der melanesische Einschlag der Maori noch am stärksten hervortritt. Auf die stetige Abnahme melanesischer Rassenmerkmale von N nach S ist bereits hingewiesen worden. Auch die Chatham-Insulaner, die Moriori, — die Abkömmlinge jener Vor-Maoribevölkerung sein sollen und als solche den ursprünglichen Namen bewahrt haben —, unterschieden sich anthropologisch sehr wenig von den Maori zu Cooks Zeiten (88: 1 ff.; TP 26: 23).

Auch die materielle Kultur nimmt nach Süden zu immer mehr polynesischen Charakter an. Die Chatham-Inseln zeigen hier wiederum eher Verwandtschaft mit der S- als mit der N-Insel. Der Unterschied zwischen dem Norden und Süden einschließlich der Chatham-Inseln hat, wie schon erwähnt, H. D. S k i n n e r veranlaßt, eine große nördliche von einer großen südlichen Kulturprovinz zu scheiden, von denen die letztere in höherem Grade typisch polynesisch ist (Hausform, Doppel- und Auslegerkanu, Fehlen der Erdwerkbefestigungen und der Pfahlhäuser, aber die typisch polynesische Kunst mit rektilinearer Linienführung z. B. in der Tätowierung (16: 43).

Diese Zweiteilung Neuseelands ist aber nach S k i n n e r keineswegs erst in neuerer Zeit, d. h. nach oder durch die Haupteinwanderungen im 13. bis 15. Jahrhundert zustandegekommen, sondern hatte sich schon lange vor dieser

Periode herausgebildet und führt uns in die Zeit der ersten Besiedlung der S-Insel zurück. Wir haben es auf der S-Insel und wahrscheinlich auch auf den Chatham-Inseln mit einer altpolynesischen Kultur zu tun, die sich bereits vor sieben Jahrhunderten zu dem Stadium entwickelt hatte, in welchem sie die Europäer antrafen. Das sucht Skinner in seinen Untersuchungen über das Zeitalter der Moajäger auf der Südinsel darzutun*). Noch mehr als auf der N-Insel sind nämlich auf der S-Insel, besonders in den Provinzen Canterbury und Otago, zahlreiche Funde von Knochen jener Riesenvögel in Höhlen, in Sümpfen oder verweht im Dünensande gefunden worden — und zwar häufig an alten Lager- und Feuerplätzen der Eingeborenen, der ehemaligen Moajäger.

H. D. Skinner hat nun — im Gegensatze zu v. Haast, der den Moajägern einen mehr oder weniger starken, melanesischen Einschlag zuschrieb (48: 430), — auf Grund zahlreicher Funde von Werkzeugen und Geräten an solchen Stellen nachzuweisen versucht, daß die materielle Kultur der Moajäger bereits den stark polynesischen Charakter trug (z. B. Erdofen, Beilformen etc.) (PS 33: 23). Die Moajäger kannten schon den Punamu und verarbeiteten ihn zu Schmuck und Werkzeugen. Sie müssen also bereits mit dem Westen der S-Insel irgendwelche Verbindung gehabt haben.

Bemerkenswert ist, daß auf der S-Insel und den Chatham-Inseln die Tradition viel weiter als auf der N-Insel zurückreicht (PS 27: 137f; 16: 33; PS 7: 207). So soll vor 42 Generationen (= im 9. Jahrhundert) Rakaihaitu, der Urahne des Waitaha-Stammes der S-Insel in dem Kanu

---

*) Siehe H. D. Skinner:
1. Culture areas in New Zealand. PS 30: 71 ff.
2. The Moa Hunters of Otago and Canterbury. Trans. Australasian Assoc. Advancement.
3. Results of the Excavations at the Shag River Sandhills. PS 33: 11—24.
4. Illustrated account of the Moa-bone Point Cave. Records of Canterbury Museum Vol. II, Part. 3.

„Uruao" nach Neuseeland gelangt sein; da er die N-Insel bevölkert fand, fuhr er weiter nach der S-Insel, erforschte sie und siedelte sich mit seinen Leuten an. Es fand also eine Art Überschiebung statt. Die Tradition schreibt den Waitaha die Ausrottung der Moavögel zu (PS 27: 137 f.; 16: 33). Durch diese und ähnliche Überlieferungen wird die Annahme Skinners von einer südlichen altpolynesischen Kultur gestützt.

Die Vermutung Skinners, daß wir für die Chatham-Inseln ebenfalls eine altpolynesische Einwanderung, und zwar von Ostpolynesien her, annehmen können, ist jedoch mit der Tradition der Moriori und Maori durchaus nicht in Einklang zu bringen, die eher auf eine altpolynesische Einwanderung von Neuseeland her hindeutet (PS 33: 66/67).

Stichhaltige Gründe fehlen uns für eine etwaige altpolynesische Kultur auf der N-Insel, obwohl in der Tradition oft die Rede von menschlichen Wesen mit heller Haut und hellem Haare ist, die zuerst Neuseeland bewohnt haben sollen (10 I 219/20). Auffällig ist allerdings, daß bei den Tuhoe, welche als die Nachkommen der Urbevölkerung von den Maori angesehen werden, der sog. Urukehu-Typ mit dem rötlichen Haar noch heute am stärksten vertreten ist (24: 37).

Klarheit in dieser Frage könnten nur Untersuchungen über das Zeitalter der Moajäger der N-Insel schaffen, ähnlich denen, die von Skinner über die S-Insel vorliegen. Denn die älteste Bevölkerung Neuseelands war bestimmt ein Moajägervolk, das sich bei dem Mangel an pflanzlicher Nahrung die sichere Jagdbeute der Moa nicht entgehen ließ. Von langer Dauer wird die Moajägerperiode wohl nicht gewesen sein, da die wehrlosen Moas gar bald den Menschen zum Opfer fielen. Da die Moavögel in der Maoritradition eine relativ geringe Rolle spielen, kann man annehmen, daß die später einwandernden Maori überhaupt keinen dieser Vögel gesehen haben (10 II: 487).

Infolge der Ausrottung der Moa durch die Urbevölkerung schaltete sich für die später eindringenden Maori eine der wichtigsten Lebensgrundlagen, die Neuseeland dem Menschen bot, von vornherein aus.

Noch in anderer Beziehung hat sich die Vor-Maori-kultur auf die spätere Zeit anthropogeographisch ausgewirkt. Nach der Tradition haben die Maruiwi bereits befestigte Siedlungen bewohnt, welche von den Maori übernommen und ausgebaut worden sind (101: 44 f.; 13: 320).

Auf der einen Seite fehlten also in der Landschaft vor der Einwanderung der Maori all die reizenden Maorigärten, da die Maruiwi und die altpolynesische Bevölkerung lediglich Sammler, Fischer und Jäger waren, auf der anderen Seite aber waren die Pa, die befestigten Maoridörfer mit ihren Erdwerkanlagen, die zu Cooks Zeiten solche charakteristische Erscheinungen der Kulturlandschaft darstellten, bereits in der Maruiwi-Zeit vorhanden, wenn wohl auch in einfacher Form und in weit geringerer Zahl, ganz entsprechend der Bevölkerungsdichte.

Daß diese Kulturübertragung oder Kulturübernahme des Festungsbaus und seiner Methoden von der australoid-melanesischen Urbevölkerung auf die polynesischen Einwanderer in der Tradition nicht erdichtet ist, kann man daraus ersehen, daß die Maori mit ihrem starken, polynesischen Rassebewußtsein und mit ihrer ebenso großen Verachtung, die sie den kulturell tieferstehenden Maruiwi gegenüber an den Tag legten, eher auf die Einführung eines Kulturgutes von den tropischen Heimatinseln durch ihre Vorfahren Anspruch machen.

Außerdem ist von völkerkundlicher Seite festgestellt worden, daß sich die Siedlungsform des Maori-Pa auf keiner anderen polynesischen Insel findet, bezeichnenderweise aber verwandte Züge mit melanesischen Festungen auf den Fiji-Inseln (Viti Levu) aufweist, einer Inselgruppe, die als Grenze und Übergangsgebiet des polynesischen und melanesischen Siedlungsraumes gilt (10 II: 351). Ähnlich wie bei uns der Dorfrundling sich im Kampfgebiet der Germanen und Slawen herausgebildet hat, so scheint im Pazifischen Ozean im Kampfgebiet zwischen Polyne-nesiern und Melanesiern sich der Pa zu der Form ent-wickelt zu haben, wie er auf den Fiji-Inseln und ähnlich auf Neuseeland, wo ebenfalls Melanesier und Polynesier aufeinander stießen, angetroffen worden ist. Es liegt des-halb sehr nahe, dem Maori-Pa melanesischen Ursprung zuzuschreiben. Und zwar ist der Pa auf den Fiji-Inseln oder einer anderen weiter im NW liegenden melanesi-schen Insel entstanden, von wo er durch Völkerwande-rungen auf andere Inseln wie Tonga und besonders Neu-seeland übertragen worden ist (13: 314 ff.).

Auch sonst weist die Maorikultur genetische Be-ziehungen zu Melanesien auf, die bis Neuguinea zu ver-folgen sind und wohl auf die Einwanderung der „melane-sischen" Maruiwi zurückgehen, — so das Spiralenmotiv in der Kunst, in der Holzschnitzerei und Tätowierung, das sich sonst nirgends in der polynesischen Kunst nachweisen läßt, die durchaus rektilinear ist (16: 42; 101: 7, 46).

Wenn tatsächlich die südliche Kultur Neuseelands (allerdings mehr in ethnographischer Hinsicht) zu Cooks Zeiten im großen und ganzen dieselbe wie vor 700 Jahren gewesen ist, so scheint die altpolynesische Siedlungs-periode doch einen allgewaltigen Einfluß auf die spätere Zeit gehabt zu haben, trotz der überaus wechselreichen Geschichte der S-Insel, trotz der verschiedenen Wander-wellen melanesisch-polynesischer Völkergruppen, die be-stimmt von der N- nach der S-Insel sich ergossen haben. Doch ist es sehr unwahrscheinlich, daß die Altpolynesier Herr über die einströmenden Völkermassen wurden. Wir müssen zwar in Rücksicht ziehen, daß die altpolynesische Bevölkerung viel stärker an Zahl war, als wir nach den Beobachtungen Cooks und anderer Forscher annehmen würden. Nach der Tradition sollen einst die Waitaha, — die möglicherweise als die Altpolynesier anzusprechen sind, da ihre Einwanderung über 40 Generationen zurück-geht (PS 27: 137 ff.), — wie „Ameisen" die S-Insel be-völkert haben (TP 10: 64; 97: 302). Aber sie unterlagen den später von Norden einwandernden Ngati-mamoe und

Ngai-tahu (TP 10 : 64). Naturgemäß haben sich in diesen Siegerstämmen durch Vermischung altpolynesische Rassen- und Kulturelemente bis in spätere Jahrhunderte erhalten. Doch ist damit noch keineswegs der auffallend polynesische Charakter aller Rückzugsgebiete auch nur annähernd erklärt.

Man könnte eher an eine „Entmischung" denken, durch welche der melanesische Einschlag in den aus den Küstengebieten verdrängten Stämmen immer mehr schwand. Dafür spricht die Wahrscheinlichkeit, daß sich die Melanesier, die Maruiwi, durch ihre größere Empfindlichkeit gegen Kälte sich an die ungünstigeren Lebensverhältnisse, an das rauhe Klima im Süden und in den Rückzugsgebieten der inneren N-Insel weit schwerer anpaßten als die Polynesier. In der Tradition werden die Maruiwi als ein schlaffes und „fröstelndes" (kiri-ahi) Volk bezeichnet (PS 48 : 436). Je stärker nun die melanesische Komponente in einem nach S abwandernden Stamme war, desto schwieriger vermochte er sich im kalten S durchzusetzen. Im warmen, subtropischen Norden hat sich aber das australoid-melanesische Element kaum vermindert. Nur im Inneren der N-Insel fand Dieffenbach bezeichnenderweise die für die Maruiwi charakteristische dunklere Hautfarbe weniger ausgeprägt (29 : 11).

Aus allen Wanderbewegungen nach dem Süden hat sich nun wahrscheinlich das polynesische Element als einziges, wenn auch nur teilweise, erhalten, ein Moment, das sowohl in rassenmäßiger als auch in kultureller Beziehung zur Geltung kommt. Doch soll damit keineswegs jeglicher Einfluß der altpolynesischen Bevölkerung und Kultur auf spätere Siedlungsperioden geleugnet werden. Dieser ist vielmehr bis zu einem gewissen Grade möglich.

2. Die Maori vor ihrer Einwanderung in Neuseeland.
a) Die Herkunft der Maori.

Die Maori sind eingewanderte Polynesier, welche sich mit der schon ansässigen australoid-melanesischen Urbevölkerung auf der N-Insel und mit altpolynesischen Ansiedlern auf der S-Insel vermischt haben. Die Zugehörigkeit der Maori zu den Polynesiern wird schon durch die sprachliche Übereinstimmung bezeugt. Wenn wir von Cooks erster Reise lesen, wie leicht sich der tahitianische Priester Tupia mit den Maori verständigt, dann wird uns jeder Zweifel an der Einwanderung der Maori von den tropischen Südseeinseln genommen (21 III: 62). Eine Unmenge von wissenschaftlichen Bearbeitungen des Problems der Herkunft der Maori, überhaupt der ganzen polynesischen Völkerfamilie, liegen vor (Zusammenstellung siehe 102: 1—40).

Schon seit Cooks Zeiten hat man immer wieder versucht, das sagenhafte „Hawaiki", die traditionelle Heimatinsel der Maori, ausfindig zu machen und mit einer anderen Südseeinsel zu identifizieren. Man hat viele solche „Awaländer" gefunden; man hat an die Hawaii-Inseln, an die Savai-Insel der Samoagruppe und an andere Inseln gedacht. Es hat sich aber dabei herausgestellt, daß diese Awaländer alle sekundärer Art sind; denn die Polynesier pflegten bei der Auswanderung von einer Insel dieser den Namen „Hawaiki" oder je nach dem Dialekt einen ähnlichen Namen beizulegen (73: 13/14). So haben wir unter dem Hawaiki, von dem die Tradition der Moriori, der Chatham-Insulaner, erzählt, Neuseeland zu verstehen, von dem sie vor vielen Jahrhunderten ausgewandert sind (87: 99/100). Das ursprüngliche, primäre Awaland, das tatsächliche Stammland der Maoripolynesier hat man bis heute noch nicht ermitteln können. Die Wanderstraßen der Polynesier lassen sich, ganz ähnlich wie die melanesischen, bis in den Malaiischen Archipel verfolgen. Ob die Polynesier dahin von Vorderindien (Gangesebene, s. PS 7: 186, 217 f.) oder von irgendeinem Gebiete Hinterindiens gelangt sind, läßt sich nicht sagen, da wir uns über die komplizierten Rassen- und Völkerverhältnisse Südasiens, besonders des Malaiischen Archipels, über die anthropologischen und kulturhistorischen Zusammenhänge der Polynesier mit den Malaien, Mongolen, ja selbst mit europäischen Rassen keineswegs im klaren sind. Es ist anzu-

nehmen, daß die Polynesier etwa zur Zeit der Hinduisierung des Malaiischen Archipels — ungefähr zu Beginn
unserer Zeitrechnung — in den Pazifischen Ozean ein-
gedrungen sind (43: 9). Vielleicht war gerade die Hinduisierung, der Druck nachdrängender Völker, die Ursache der polynesischen Wanderbewegung.

In den ersten nachchristlichen Jahrhunderten war die
polynesische Westost-Wanderung bereits in vollem Gange
und erreichte mit dem 7.—14. Jahrhundert ihre Glanzzeit.
Die Polynesier bezwangen damals, dank der geradezu
hervorragenden Entwicklung ihrer Hochseeschiffahrt, den
gewaltigen Raum der Südsee. Nachdem sie einmal in das
Herz des Ozeans vorgestoßen waren, bildeten sich bestimmte Ausbreitungs- und Wanderzentren heraus wie die
Samoa-Inseln und die Tahiti-Inselgruppe, welche Kolonisten nach allen Richtungen bis zu den peripherisch ge-
legenen Siedlungsgebieten — wie eben Neuseeland —
aussandten (PS 8: 1—20; 41: 162). Vergleichende Tradi-
tionsforschungen haben ergeben, daß Neuseeland hauptsächlich von Tahiti aus besiedelt worden ist, wobei Raro-
tonga, eine der Cook-Inseln, die wichtige Rolle einer Zwi-
schenstation zwischen Tahiti und Neuseeland gespielt hat
(8: 179; PS 7: 195; PS 27: 202; 101: 31; 9: 10 mit Karte).
Die Besiedlung des ungeheuren Raumes der Südsee
mit seinen allerdings weit verstreuten und relativ wenig
Siedlungsmöglichkeit bietenden Inseln ist sehr schnell vor
sich gegangen; aus dieser Tatsache erklärt sich wohl auch
der im großen und ganzen gleichförmige Charakter der
polynesischen Inseln in Rasse, Sitte und Kulturbesitz ihrer
Bewohner.

Doch nimmt Neuseeland immerhin eine Sonderstel-
lung ein. So wie seine natürliche Ausstattung sich von der
aller tropischen Südseeinseln stark unterscheidet, so hat
auch die Kultur, welche auf den natürlichen Gegebenheiten aufbaut, hier im südlichen Grenzgebiet der Oekumene eine beachtenswerte Differenzierung erfahren. Dies
besagt, daß erst eine anthropogeographische Betrachtung
d e r Zeit, als die Maori sich in ihren tropischen „Hawai-

kis" aufhielten, d. h. eine Betrachtung ihres früheren Natur- und Kulturmilieus in den tropischen Südseeregionen, ein tieferes Eindringen in die Kultur und das Völkerleben des alten Neuseeland ermöglicht.

b) Natur- und Kulturmilieu der Maori auf den tropischen Südseeinseln vor ihrer Einwanderung in Neuseeland.

Ein Blick auf die Karte lehrt schon den erheblichen geographischen Unterschied zwischen Neuseeland und dem tropischen Polynesien. Dort eine einzige isolierte Inselgruppe von gewaltigem Raume in subtropisch-gemäßigten Breiten, hier dagegen Schwärme weit verstreuter, kleiner Inseln, Vulkaninseln und Atollen, Oasen inmitten unendlicher Meeresregionen zwischen den zwei Wendekreisen.

Das tropisch-maritime Klima hat ein üppiges Pflanzenkleid hervorgezaubert. Ein fast ewiger, angenehmer Sommer herrscht. Es fehlt der kultur- und siedlungsfeindliche Urwald. Die Flora ist von der Neuseelands grundverschieden. Namentlich sind es Fruchtbäume, die Kokospalme, der Brotfruchtbaum und der Pisang, welche den Tropeninseln ihren landschaftlichen Reiz verleihen, — gleichgültig, ob sie wild wachsen oder von der Hand der Polynesier angepflanzt sind. In Neuseeland kommen diese tropischen Gewächse nicht fort.

Wir können annehmen, daß bereits zur Zeit der Maoriwanderungen die Fruchtbäume und andere Kulturpflanzen durch die Kolonisation der Polynesier auf den tropischen Inseln verbreitet waren[1]).

---

[1]) Da die von den Polynesiern eingeführten Fruchtbäume der tropischen Südseelandschaft ihr charakteristisches Gepräge geben, — z. B. die Kokospalme der von Natur vegetationsarmen Koralleninsel, — so kommt der Kulturlandschaft oder der Umgestaltung der Naturlandschaft durch den Polynesier auf diesen Inselgruppen ganz besondere Bedeutung zu, auch wenn wir berücksichtigen, daß diese Bäume bald verwilderten und nur wenig Pflege und Kultur beanspruchten. Natur- und Kulturlandschaft sind hier oft nur schwer voneinander zu scheiden.

Wir sehen, daß in der alten polynesischen Kultur zwei Faktoren eine besondere Rolle gespielt haben, die polynesische Seeschiffahrt und der Pflanzenanbau.

Wie hoch die polynesische Seeschiffahrt zu bewerten ist, das sagen deutlich die Worte G. F r i e d e r i c i s: „Die Schiffahrt der Polynesier während der Jahrhunderte ihrer Blüte stand wohl an Bau der Fahrzeuge, Segelmanöver und nautischen Leistungen ganz erheblich über der der Normannen, gar nicht zu reden von der mediterranen und Küstenschiffahrt der Völker des Altertums" (44: 38). Dabei waren die Polynesier ein Volk der Steinzeit, das befähigt war, ohne jegliches metallenes Werkzeug, ohne jeden Eisennagel riesenhafte Kanus herzustellen. Ihre Ausleger- und Doppelboote, oft mit hohen Deckaufbauten, waren wirkliche Seeschiffe von ganz beträchtlichen Dimensionen und vermochten monatelang auf offener See Sturm und Wetter zu trotzen. Bisweilen faßten sie über ein halbes Tausend Menschen. Eine große Anzahl von Familien und Schiffsbesatzung fand darin Platz, außerdem der nötige Proviant für die vorgesehene Reise oder Auswanderung. Selbst Hunde, Schweine und Hühner wurden mitgenommen (44: 36).

Der klare Sternenhimmel über dem Ozean, die regelmäßigen Winde, das milde, gleichmäßige Klima, all diese günstigen Bedingungen haben die polynesische Seeschiffahrt gefördert. Bezeichnend ist, daß viele Inseln nach den Sternen benannt sind, welche über ihnen kulminieren oder hinter ihnen auf- oder untergehen. Auf größeren Fahrten regelte der Polynesier meist bei Nacht.

Der hohe Stand der polynesischen Seeschiffahrt mag sich, wie H e t t n e r meint, aus dem Fischfange entwickelt haben, der später das Mittel eines regen Handels geworden ist, der seinerseits die Malaiopolynesier schließlich zu ihren großen Seefahrten befähigte (56: 49). Man kann sich leicht vorstellen, daß in demselben Maße, wie sich die malaiisch-polynesische Inselwelt nach Osten zu immer mehr auflockert, wie die Entfernungen zwischen den Inseln und Inselgruppen immer weiter werden, auch die polynesische Seeschiffahrt zu immer größeren Leistungen herausgefordert ward. Seekarten der Polynesier verraten die staunenswerte geographische Kenntnis der polynesischen Völker noch zu Cooks Zeiten. In besonderen Schulen, die wir nach F r i e d e r i c i „Piloten- oder Navigationsschulen" nennen können, wurden alle die nautischen Erfahrungen, die im Laufe von Jahrhunderten gewonnen worden waren, der heranwachsenden Generation übermittelt, um neue Schiffsführer, Kapitäne auszubilden (44 : 36). Dies zeigt deutlich genug, welche ruhmvolle, kulturelle Vergangenheit das Maorivolk vor seiner Einwanderung in Neuseeland gehabt hat.

Was nun den zweiten Faktor, den Pflanzenanbau anbelangt, so zeigen sich beachtliche Unterschiede von der Gartenkultur der Maori im alten Neuseeland. Neben den Gemüsegarten, den einzigen ausgeprägten Gartentyp Neuseelands, tritt der Obstgarten. Auch der Ziergarten spielt neben dem reinen Nutzgarten eine größere Rolle als in Neuseeland. C o o k schreibt über Tongatabu: „In einigen Pflanzungen fanden wir einen beträchtlichen Teil des umzäunten Landes mit grünem Rasen ausgelegt und mit Pflanzen bedeckt, die mehr zum Zierat als zum Nutzen dazustehen schienen; in keiner fehlte aber die Pfefferstaude oder die Kawa" (231 : 321).

Naturgemäß war die Gartenkultur auf jeder Insel, je nach Klima und Boden, mehr oder weniger verschieden. Doch hat im allgemeinen die reichere Fülle und das üppigere Gedeihen der Gartenpflanzen für die tropischen Inselbewohner einen viel weiteren Nahrungsspielraum geschaffen als in Neuseeland, wo die Kumara, der Yams und der Taro nur bei ganz sorgfältiger Pflege fortkamen. Am nächsten stehen in dieser Beziehung Neuseeland die Hawaii-Inseln und die Oster-Inseln, die wie Neuseeland peripherisch zum eigentlichen zentralen Polynesien liegen. Es ist merkwürdig, daß gerade Tahiti in der Pflanzenkultur von Neuseeland so verschieden ist, wo doch beide durch ihre Vergangenheit kulturgeschichtlich so eng verbunden sind. Der Maorigärtner ringt in mühseliger Arbeit dem Boden jede Kumaraknolle ab; dem steht auf Tahiti das paradiesische Leben des Eingeborenen gegenüber, der eher darauf sehen muß, daß der Brotfruchtbaum nicht allzu sehr überhandnehme und sich gar zu weit verbreite, wie A n d e r s o n, ein Begleiter Cooks, beobachtete (23 III: 326).

Auf vielen anderen tropischen Südseeinseln war die Pflanzenkultur auf bedeutend höherer Stufe. K r ä m e r bringt in seinem Samoawerke eine sehr charakteristische Abbildung eines Flußästuars, in welchem Taro ange-pflanzt ist, im Hintergrunde umgeben von Kokospalmen, unter welchem Zuckerrohr und Bananen gedeihen (63 II: 135).

Der neuseeländische Garten stellt ein von den tropi-schen Heimatinseln nach Neuseeland verpflanztes Kultur-objekt dar, welches hier eine ziemlich auffallende Diffe-renzierung, in mancher Beziehung eine Rückbildung, in anderer eine Weiterentwicklung erfahren hat. Auf keiner anderen polynesischen Insel finden wir den Kumaraanbau so ausgeprägt wie auf Neuseeland. In den alten Reise-beschreibungen wird er für ganz Polynesien, Hawaii und die Osterinsel ausgenommen, nur gelegentlich erwähnt. Auch K r ä m e r sagt nichts über den Anbau von Bataten in Samoa. — Die Form der tropischen Bodenkultur ist ebenfalls der Grabstockbau, der sich aber von dem der Maori nicht wesentlich unterschied, da das Pflanzen und die Pflege von Obstbäumen hinzukam. Vor allem ist die Wirkung solcher Kulturarbeit viel gewaltiger; denn ein einmal gepflanzter Brotfruchtbaum trägt jahrzehntelang Früchte. Der Maori dagegen war lediglich auf den Anbau von Kumara, Yams, Taro und Hue angewiesen.

Leider wissen wir sehr wenig über die Arbeitsteilung zwischen den beiden Geschlechtern bei der tropischen Gartenkultur. Doch treffen wir auch hier keine ausgespro-chene Frauenarbeit vor. Oft scheint der Grabstockbau Sache des niederen Volkes gewesen zu sein, — wie auf Hawaii Sache der Tautaus (23 III: 437). Daß selbst der Häuptling Hand an den Grabstock legte, ist aber eine spezifisch-neuseeländische Erscheinung. Doch ließen sich auch für Neuseeland, wie wir gesehen hatten, Belege für Sklavenarbeit beim Grabstockbau erbringen. Es ist möglich, daß durch die Beschäftigung des niederen Volkes oder der Sklaven in den Gärten ein Übergang von der ursprünglichen Frauenarbeit zu der Arbeit freier Männer (Neuseeland) geschaffen worden ist.

3. Die Periode der Verschlagungen und Entdeckungen.

Der eigentlichen Periode der Kolonisation Neuseelands durch die Polynesier geht eine Periode der Verschlagungen und Entdeckungen voraus.

Wir wissen aus der Tradition z. B. der Rarotonganer, daß bereits im 7. oder 8. Jahrhundert Hui-te-Rangiora weit in die Antarktis vorgedrungen ist und Kunde von den Naturwundern der Eisberge nach den Tropen gebracht hat (10 I: 38; 16: 37).

Dies ist nur eine von den vielen Seefahrten polynesischer Abenteurer, von denen wohl ein großer Teil die tropische Heimat nie wiedergesehen hat. Außer solchen Abenteurerfahrten haben wahrscheinlich auch Verschlagungen von Polynesiern nach Neuseeland lange vor der traditionellen Entdeckung Neuseelands stattgefunden. Die Schiffbrüchigen sind entweder zugrundegegangen oder von der Urbevölkerung absorbiert worden, so daß es nicht ausgeschlossen ist, daß zur Zeit der ersten Maorieinwanderungen, von denen die Tradition erzählt, die Maruiwi schon polynesisches Blut in sich aufgenommen hatten. Dafür haben sich schon einige Autoren ausgesprochen (11: 24). Da ferner die Melanesier größere Seefahrten nur unter polynesischen Kapitänen zu unternehmen wagten (8: 170), so sind möglicherweise unter den eingewanderten Maruiwi schon Polynesier gewesen, soweit es sich nicht um bloße Verschlagungen gehandelt hat.

Die Maoritradition der Stämme an der Ostküste der N-Insel, die natürlich von den Altpolynesiern der S-Insel keine Kenntnis hat, schreibt die erste Entdeckung Neuseelands zwei Abenteurern zu, Kupe und Ngahue, welche in zwei Kanus wahrscheinlich von Tahiti aus nach dem äußersten Norden der N-Insel gelangten, von da die Ost-küste bis zur Cook-Straße entlang fuhren und die S-Insel umschifften (11: 21). Kupe nannte die N-Insel Ao-tea-roa, d. h. lange weiße Wolke, die er am Horizonte von der Ferne erblickte und für das erste Anzeichen von Land hielt. Das war wohl die typische Inselwolke, die über allen Südseeinseln in beträchtlicher Höhe steht. Nach ihr konnten die polynesischen Seefahrer leicht den Standort der darunter liegenden Insel bestimmen (44: 37). Weiterhin sollen Kupe und Ngahue von Neuseeland nach ihrer tropischen Heimat die Kunde von der Existenz der Riesenvögel und von dem Reichtum der S-Insel an Pu-namu gebracht haben, jenem harten Grünstein, dessen Fund auf die neolithischen Polynesier eine wahre Zauber-kraft ausgeübt haben muß — ähnlich wie Goldfunde auf Europäer — und wahrscheinlich zu Auswanderungen nach Neuseeland angespornt hat (46: 132). Leider läßt sich nicht einmal das Jahrhundert der ersten Entdeckung festlegen, da keine Genealogie auf einen der beiden Ent-decker zurückgeht.

Besser Bescheid wissen wir aus der Tradition über den Häuptling Toi, auf den verschiedene Stammbäume der Tuhoe-Maori zurückführen. Vor 30 Generationen (12. Jahrhundert) traf er auf der Suche nach Verschlage-nen sich schließlich mit diesen nach einer langen Irr-fahrt, die ihn sogar nach den Chatham-Inseln führte, in Neuseeland und siedelte sich an der Plenty-Bai an (11: 22; PS 26: 151 ff.). Die Folge der Niederlassung Tois an der Ostküste — und zwar in Maruiwi-Pa — waren Feind-seligkeiten mit den an Zahl weit überlegenen Maruiwi. Durch Mischung mit Maruiwiweibern wurden die Neu-ankömmlinge in den folgenden Generationen so stark, daß sie die Urbevölkerung vernichteten oder in das Innere und nach Süden vertrieben, um selbst die Küstenland-schaften und die fischreichen Buchten in alleinigem Besitz zu haben (101: 59). Das Toivolk trieb keinen Grabstock-bau, sondern lebte wie die Maruiwi lediglich von Fischfang, Jagd und Sammeln verschiedener Wurzeln. Toi hatte keine Saat, keine Knollen oder Schößlinge von Kulturpflanzen nach Neuseeland gebracht; — und dies aus dem einfachen Grunde, weil die Expedition nach dem Süden, nach Neuseeland, nicht zum Zwecke der Kolonisation oder festen Ansiedlung unternommen worden war. Es ist bezeichnend, daß Toi in der Tradition ausdrücklich „Toi-kai-rakau" heißt, Toi „the woodeater", der von den Produkten des Waldes lebt (PS 22: 160).

Die Toiperiode ohne Pflanzenkultur ist bestimmt von keiner langen Dauer gewesen. Die Einführung der Kumara nach Neuseeland haben manche Toieinwanderer vielleicht selbst noch erlebt.

4. Die Periode systematischer Kolonisation Neuseelands durch die Maori.

In der Verpflanzung der tropischen Grabstockbaukultur nach Neuseeland liegt das Kriterium, das uns veranlaßt, von einer neuen Periode zu sprechen. Die Einwanderungen waren nunmehr zu einem beträchtlichen Teile zum Zwecke systematischer Kolonisation vorbereitet. Die Einwanderergruppen blieben in Verbindung mit den Heimatinseln und unternahmen Rückfahrten dahin, um neue Stammesmitglieder und Saaten von Kulturpflanzen zu holen. Das läßt auf eine staunenswerte Vertrautheit der Polynesier mit dem Meere in jener Zeit schließen. Sie waren in der Tat das „meerverwandteste Volk" der Erde (79 I: 265). Nach dem, was uns die Tradition über die erste Einführung der Kumara berichtet, müssen wir diese in die Toiperiode datieren. Mindestens ist der Versuch gemacht worden, Kumarasaat durch eine Rückfahrt nach den Tropeninseln nach Neuseeland zu bringen. Zwei Männer sollen an der neuseeländischen Küste in einem Kanu gelandet sein und zu Toi einige Kumaraknollen gebracht haben. Toi war von dem Wohlgeschmack dieser ihm bis dahin ganz unbekannten Frucht derart entzückt, daß er ein Kanu ausrüsten ließ, um Kumara von der Heimatinsel der Fremden zu holen, worunter wahrscheinlich Tahiti zu verstehen ist (PS 16: 184/5; PS 35: 202; PS 2: 100 ff.). Nach der Tradition war also die Kumara schon vor den Haupteinwanderungen der Maori (um 1350) in Neuseeland eingeführt.

Die starke Differenzierung, welche die polynesische Kultur auf neuseeländischem Boden bis zu Cooks Zeiten erfahren hat, bestätigt durchaus das hohe Alter der Maorikultur auf Neuseeland, das wir auf Grund der Maoritradition annehmen müssen[1]).

Außer der Kumara und den anderen Kulturpflanzen wurden in der Glanzzeit der polynesischen Seeschifffahrt und der Maorieinwanderungen in der Nach-Toi-Zeit der Hund und die Ratte von der tropischen Südsee nach Neuseeland eingeführt (96: 1—18, 64 ff.).

Hunderte von Kanus sind wahrscheinlich in jener Zeit an der neuseeländischen Küste gelandet und brachten immer neue Kolonisten auf diesen südlichsten Vorposten des polynesischen Siedlungsraumes. Ihren Höhepunkt und merkwürdigerweise zugleich ihren Abschluß fand die Periode systematischer Kolonisation im 14. Jahrhundert

---

[1]) Über die Frage der Herkunft und Einführung der Kumara in die Südsee gehen die Meinungen sehr auseinander. Nach Friederici soll die Kumara erst durch die Spanier nach der Entdeckung Amerikas von S-Amerika in die Südsee gebracht worden sein (44: 43 f.) F. W. Christian dagegen hält Java für das Mutterland der Kumara, von wo sie über den Malaiischen Archipel, die Südsee, ja selbst bis nach Amerika gelangte, wofür peruanische Überlieferungen sprechen. Während Friederici jegliche linguistische Verbindung des Wortes „kumara" mit dem Westen verneint, führt Christian dieses Wort etymologisch auf die Sanskritbezeichnung für die Lotospflanze (kumad, kumal usw.) zurück, die wegen ihrer eßbaren Wurzel einst im Gangesgebiet angebaut wurde. Durch die Hinduisierung des Malaiischen Archipels sind diese Namen dort auf die Kumaraknollen angewandt worden und haben sich als solche auf die Südseeinseln und Südamerika übertragen (18: 152/3). Die Angaben in der Tradition der Maori, daß dem Häuptlinge Toi die Kumara, welche ihm von späteren Einwanderern überbracht wurde, völlig fremd war, hat zu der Vermutung Anlaß gegeben, daß die Kumara kurz nach Tois Übersiedlung von Tahiti (?) nach Neuseeland auf Tahiti eingeführt worden sei, also im 12./13. Jahrhundert (PS 35: 202).

mit der Ankunft der „großen Flotte", die nach der Tradition von Tahiti und von den Cookinseln kam (8: 179; 11: 27; 33: 21; 24: 63—81). Die Kanus der großen Flotte spielen in der Tradition eine bedeutende Rolle; sie brachten die Stammväter, auf welche die meisten Genealogien zurückführen, besonders die der Häuptlingsfamilien. Die damals einwandernden Kolonisten übten einen beherrschenden Einfluß auf die Besiedlung aus; die ansässige Ur- und Mischbevölkerung ging in den Einwanderern auf, wurde vernichtet oder vertrieben, und ihre Tradition ward zum großen Teil vergessen (91: 57; 101: 63). Die N-Insel zerfiel nun in die schon erwähnten „Kanudistrikte". Die Stämme jedes Kanudistriktes führten ihre Abstammung auf die Einwanderer eines jener historischen Kanus der großen Flotte zurück.

Die Besiedlung und Kolonisation Neuseelands durch die Polynesier ging in der Hauptsache von der NO-Küste der N-Insel aus. Meist berührten die Einwandererkanus zuerst die Küste vom Nord- bis Ostkap, um hier zu siedeln oder von hier aus ein geeignetes Kolonisationsgebiet zu suchen (PS 3: 65). Aber nicht nur günstige Einfallstore bot die Ostküste, sondern auch vorzügliche „starting points" für Rückfahrten nach den tropischen Heimatinseln (101: 36). Die langgestreckte Ostküste der N-Insel ist den ostpolynesischen Inselgruppen, von denen die Einwanderer stammen, direkt zugekehrt. Außerdem begünstigten die östlichen Winde im Südsommer (Ausläufer des SO-Passates) die Seefahrten von Ostpolynesien nach der Ostküste Neuseelands in hohem Grade (Hann-Süring 1915: Tafel XX). Die Ostküste hat vor der Westküste große geographische Vorzüge voraus. Während die letztere den stürmischen NW-Stürmen ausgesetzt ist, wird die Ostküste durch die Gebirge des Inneren vor ihnen geschützt. Die Küstenlandschaften an der Ostküste (Inselbai, Aucklandzone, Plentybai) waren wegen ihrer geschützten Lage, ihres milden Klimas und fruchtbaren Bodens bevorzugte Siedlungsgebiete.

Die Polynesier brachten hervorragende kolonisato-

rische Fähigkeiten mit in ihre neue Kolonie. Das zeigt
sich schon in der ganzen Art und Weise, wie sie Besitz
von Neuseeland ergriffen. Es ist typisch für die meisten
Einwanderungen jener Zeit, daß die Seekapitäne vor der
Landung und Niederlassung trotz der monatelangen, be-
schwerlichen Seefahrten noch lange Küstenfahrten unternahmen, um vom Kanu aus Erkundigungen über Land
und Leute einzuziehen, von denen sie nur vom Hören-
sagen wußten (46: 152; 24: 85). Es war der alte, an-
geborene Forschungstrieb, der den Polynesier nie ruhen
ließ. Das kam schon in der Periode der Entdeckungen
und Abenteurerfahrten deutlich zum Ausdruck.

Zu längeren Küstenfahrten mag auch die feindselige
Haltung ansässiger Stämme gezwungen haben. Die Polynesier kamen aus übervölkerten Inselgebieten und suchten jungfräuliches Siedlungsland. Wenn ein Landgebiet
bereits besiedelt war, fuhren sie weiter. Auf diese Weise
kam es oft zu Überschiebungen der Einwanderergruppen.
Man kann sich denken, daß die Landmasse der neuländi-
schen Inselgruppe auf die landhungrigen Polynesier,
welche aus im Vergleiche zu Neuseeland geradezu win-
zigen Inseln einwanderten, einen ganz gewaltigen Eindruck gemacht, immer neue Kolonisten herangelockt und
zu solchen glänzenden, organisierten Unternehmungen wie
der Fahrt der großen Flotte geführt hat.

Der ausgesprochene Landhunger äußert sich zum Beispiel darin, daß die einzelnen Familien einer Einwanderer-
gruppe sich über ein großes Gebiet verstreuten und zer-
splitterten, lediglich zu dem Zwecke, möglichst weiten
Raum mit Beschlag zu belegen (TP 1: 330 ff.; PS 2: 187;
231, 247). Trotzdem scheinen sich schon in ältester Zeit
besondere Siedlungszentren herausgebildet zu haben, von
denen aus die Kolonisation und Besiedlung in weitem
Kreise um sich griff (PS 17: 14). Stets tritt die ungemein
starke Expansivkraft polynesischer Völkerschaften zutage,
stets zeigt sich, daß die polynesische Kultur durch die ungeheuren Seewanderungen „ein höheres und freieres Gepräge als die der anderen Naturvölker" (56: 49) erhalten

hatte. Forschungs- und Kriegsexpeditionen wurden ausgesandt, um neue günstige Siedlungsflächen für den Stamm zu suchen und zu erkämpfen (PS 13 : 155). Bei der Wahl von Siedlungsland kam es ihm, wie aus der Tradition hervorgeht, hauptsächlich auf strategische Stützpunkte und Rückzugsgebiete (Inseln!) und auf die Möglichkeit des Grabstockbaus an (PS 26 : 153 ff.). Denn die Gartenkultur war der Faktor, der in der Periode der systematischen, planvollen Kolonisation die Grundlage der Besiedlung bildete. Alle Einwanderer brachten in ihren Kanus Kumara-, Yams- und Tarowurzeln nach Neuseeland. Entsprechend der schnellen Besiedlung der ganzen N-Insel war mit einem Schlage der Anbau von Kulturpflanzen über große Teile Neuseelands verbreitet.

Es ist sogar sehr wahrscheinlich, daß die Maori außer diesen Wurzelgewächsen auch versucht haben, die Kokospalme, den Brotfruchtbaum, die Banane u. a. auf Neuseeland einzuführen und anzubauen. Dafür finden sich Belege in der Maoriüberlieferung (PS 19 : 95/6; 12 : 1—3; 10 II : 354). Daß dies nicht unmöglich ist, zeigt das Beispiel des Papiermaulbeerbaums, von dem Cook auf seiner ersten Reise noch einige Exemplare im Norden der N-Insel vorfand. Auch diese Pflanze, die den tropischen Südseeinsulanern das Material zu dem wertvollen Tapastoff liefert, ist der Maoritradition gemäß von den Einwanderern der großen Flotte in Neuseeland eingeführt worden. Sie verkümmerte jedoch trotz sorgfältigen Anbaus und waren nahe am Aussterben, als Cook Neuseeland bereiste (5 : 206; 21 II : 363). Hätten wir die Berichte über das Vorkommen des Maulbeerbaums im alten Neuseeland nicht, so wäre uns sein Einführungsversuch ebenso zweifelhaft wie der jener Fruchtbäume.

Wenn die Maori tatsächlich den Anbau von Fruchtbäumen auf neuseeländischem Boden versucht haben, dann erscheint die Besiedlung und Kultur des alten Neuseeland vor unseren Augen in einem ganz anderen Lichte. Denn so tritt deutlich zutage, daß die polynesische Kultur in Neuseeland eine naturnotwendige Differenzierung, eine Einbuße erlitten hat, indem das kältere Klima das Fortkommen tropischer Fruchtbäume, die für die tropischen Polynesier geradezu unentbehrlich sind, von vornherein ausschloß.

Eine Parallelerscheinung hierzu finden wir in gewissem Sinne auf den Chathaminseln vor. Die Moriori haben nach ihrer Tradition bei ihrer Einwanderung die Kumara eingeführt, die aber bald einging (88: 101). Die Europäer haben keine Spur von Anbau auf den Chathaminseln gesehen.

Die Maori und noch mehr die Moriori sahen sich also nach ihrer Einwanderung in ganz andere und zwar ungünstigere Lebensverhältnisse versetzt.

Wohl hatte sich, wenn wir die Sammelkultur der Maruiwi als Maßstab dienen lassen, der Nahrungsspielraum der Neuseeländer durch den Anbau von Knollengewächsen ungemein erweitert. Von der Seite der einwandernden Polynesier aber hatte er sich in demselben Grade verringert, indem sie jetzt auf ihre Obstgärten verzichten und sich auf den Anbau von Knollengewächsen, namentlich der Kumara, die das neuseeländische Klima am besten vertrug, spezialisieren mußten. Aus der Notlage, in die sie durch das Eingehen der Maulbeerpflanze versetzt wurden, wußten sie sich durch die Verarbeitung der Faser des neuseeländischen Flachses zu finden (PS 33: 40). Es zeigt sich, wie eng die Frage der Anpassung der Maori an die Natur Neuseelands mit der Akklimatisation der eingeführten tropischen Kulturpflanzen verknüpft ist.

Vielleicht steht auch die merkwürdige Arbeitsteilung beim Grabstockbau der Maori mit der Art und Weise ihrer Einwanderung und Kolonisation in irgendeinem Zusammenhange.

Obwohl wir wissen, daß in den großen polynesischen Kanus ganze Familien auswanderten (41 II: 9; TP 48: 453), so scheint doch das männliche Element in den Auswanderergruppen stärker als das weibliche vertreten gewesen zu sein. Das geht aus der Tradition hervor und erscheint auch gar nicht verwunderlich, da zur Schiffsbesatzung eine große Anzahl erfahrener Seeleute benötigt wurde (101: 58). Selbst wenn wir annehmen, daß die Frau den Grabstockbau von den tropischen Inseln nach Neuseeland gebracht hat, so war doch letzten Endes der Mann gezwungen, den Frauen, die in der Minderzahl waren, bei ihren Gartenarbeiten zu helfen, um den lebenswichtigen Faktor der Gartenkultur zu erhalten. Außerdem muß man in Rücksicht ziehen, daß die eingewanderten Maorimänner sich eingeborene Weiber zu Frauen nahmen, denen der Grabstockbau völlig fremd war, so daß der Mann sozusagen die Rolle eines Lehrmeisters der Bodenkultur übernehmen mußte.

Dazu kam, daß die Anbaugebiete oft weit von den Siedlungen entfernt lagen (s. S. 29). Weite und langdauernde Wanderungen in die Gärten waren notwendig. Das steht aber mit der beschränkten Bewegungsfreiheit der Frau und ihrer engen Gebundenheit an das Haus nicht im Einklange, viel besser dagegen mit dem beweglichen Leben der Männer, die durch Jagd und Fischfang bereits an Wanderungen und unstetes Leben gewöhnt waren. Während E. Hahn seine Hypothese, daß die Frau Erfinderin und Trägerin des Hackbaus (einschließlich Grabstockbau) ist, auf der Voraussetzung aufbaut, daß der Garten am Hause liegt, — wie bei uns auf Bauerndörfern —, so mag durch solche besondere Verhältnisse wie in Neuseeland der Mann die Frau mehr und mehr aus dem Garten verdrängt haben. Bezeichnend ist, daß S a p p e r bei mittelamerikanischen Indianern, deren Maisfelder ebenfalls weit weg von den Siedlungen angelegt waren, ausgesprochene Männerarbeit beobachtet hat (84: 8).

Ein Grund zur Männerarbeit lag vielleicht auch in religiösen Vorstellungen der Maori. Die von den Ahnen eingeführten Kulturpflanzen galten als tabu, als heiliges Geschenk der Götter. In den Tabugärten durften deshalb nur Tabumitglieder des Stammes die heiligen Grabstockbauarbeiten verrichten. Da aber nur die freien Männer Tabu werden konnten, so wurden diese die Träger der Gartenkultur, während den Frauen und Sklaven, den Kriegsgefangenen, die als „noa", als niedrig und gemein angesehen wurden, nur die Noaarbeiten wie das Tragen von Lasten, z. B. das Tragen von Sand in die Gärten und das Jäten des Unkrautes zufielen (101: 400; 14: 21) [1]).

Überblicken wir die ganze Periode der Kolonisation, so ergibt sich, daß die neuen Rassen- und Kulturelemente im Laufe weniger Jahrhunderte ein ganz neues Bild der Kultur und Besiedlung in Neuseeland geschaffen haben, das schon stark an das von Cooks Zeiten erinnert.

Vor der Einwanderung der Maori zierte kein Garten die neuseeländische Landschaft, ja selbst die Anbaupflanzen, die Kumara, den Yams und Taro, den Flaschenkürbis u. a. kannte die Flora Neuseelands nicht. Doch in kurzer Zeit waren diese Pflanzen über die ganze N-Insel verbreitet. Der Garten wurde seitdem einer der wichtigsten kulturlandschaftlichen Faktoren.

Daraus, daß die polynesische Bevölkerung Neuseelands nicht aus einer einheitlichen Wanderbewegung, sondern aus einer Reihe von Einwanderungen hervorgegangen ist, die zu verschiedenen Zeiten erfolgten und sehr wahrscheinlich verschiedene Ausgangspunkte hatten, erklärt sich die große Zersplitterung der Maoribevölkerung in Stämme und Unterstämme und deren gegenseitige, feindselige Haltung, wie wir sie noch für Cooks Zeiten konstatiert haben. Von Anfang an trägt die Besiedlung Neuseelands durch die Maori kriegerischen Charakter. Schon bei den ersten Einwanderungen der Maoripolynesier kam es zu kriegerischen Verwicklungen und Landstreitigkeiten

---

[1]) Die Männerarbeit beim Grabstock der Maori spricht an sich gegen E. Hahns Theorie, stößt sie jedoch nicht um, da sich eben Gründe für eine Abweichung von der allgemeinen Form des Hackbaus (mit Frauenarbeit) ergeben haben. Allerdings scheinen solche Ausnahmefälle häufiger zu sein, als Hahn wohl selbst annahm. Auf Sappers Beobachtungen in Mittelamerika ist schon hingewiesen worden. Auch für Afrika lassen sich Belege für Hackbauarbeiten freier Männer erbringen (z. B. Partridge, Ch.: Cross River Natives, London 1905, S. 107).

mit der Urbevölkerung und später mit schon ansässigen Maoristämmen. Das lag in dem ganzen Kolonisationssystem der Polynesier begründet, die weit über das notwendige Siedlungsland hinaus große Landgebiete in Anspruch nahmen. Pa wurden angelegt und immer stärker befestigt zum Schutze gegen feindliche Stämme und neue Einwanderer.

In die Periode der Kolonisation fallen bereits die Anfänge der großen Wanderbewegungen innerhalb des neuseeländischen Raumes, welche die nachfolgende Periode der Isolierung kennzeichnen. Es ist auch möglich, daß die Moriori vor oder wenigstens zur Zeit der Haupteinwanderungen im 14. Jahrhundert schon ausgewandert sind (88: 211; 101: 60), um die Chathaminseln im Osten von Neuseeland zu besiedeln. Nach der Tradition sind die Moriori Abkömmlinge der Maruiwi; doch müssen sie beim Verlassen Neuseelands einen ziemlich starken polynesischen Einschlag gehabt haben, der sich in dem neuen, allerdings ungünstigeren Siedlungsgebiete besser als die melanesischen Rassenelemente durchsetzte. Auch kulturell kann eine solche Entmischung stattgefunden haben.

5. Die Periode der Isolierung.

Die Periode der Kolonisation brach, wie schon erwähnt, ganz plötzlich im 14. Jahrhundert ab. Es begann eine neue Epoche der neuseeländischen Geschichte, die Periode der Isolierung, die bis zum Anfange der europäischen Zeit reichte. Zwar erzählt die Tradition noch von der Ankunft verschlagener Kanus in Neuseeland. Sogar ein Kanu mit schwarzen Menschen (wahrscheinlich Melanesiern) soll im 16. Jahrhundert in der Plenty-Bai ans Land getrieben worden sein (101: 5). Ebenso ist wohl mit Verschlagungen neuseeländischer Kanus nach den tropischen Südseeinseln zu rechnen (PS 33: 332). Vereinzelt finden sich sogar Angaben in der Maoritradition, die darauf hindeuten, daß noch in späteren Jahrhunderten geplante Seereisen nach „Hawaiki" von Neuseeland aus unternommen worden sind (PS 33: 329 ff.). Doch kann man von einer überseeischen Kolonisation wie in der vorhergehenden Periode keinesfalls mehr sprechen. Stichhaltige Gründe lassen sich für die zuweilen ausgesprochene Anschauung, daß vom 16. bis 18. Jahrhundert noch Nachschübe von Polynesiern nach Neuseeland stattgefunden hätten, nicht erbringen. Die Tradition und die starke Differenzierung polynesischer Kultur und ebenso anthropologische Momente weisen vielmehr auf eine frühzeitige Isolierung Neuseelands und der Chathaminseln. Die Isolierung bezog sich mehr oder weniger auf alle Südseeinseln. Nur nahe Inselgruppen wie Tonga und Fiji standen noch zu Cooks Zeiten in regelmäßigem Verkehre miteinander (23 II: 86/7; 10 I: 30).

Was war die Ursache dieser Isolierung?

Es ist möglich und besonders für Neuseeland anzunehmen, daß die Isolierung mit dem Zurücktreten mariner Kultur (Fischfang, Seeschiffahrt) hinter der Gartenkultur, die immer intensiver betrieben ward, in Zusammenhang stand. Als die Polynesier schließlich alle Südseeinseln besiedelt hatten, fehlte nun die Kunde von neuentdeckten Ländern und damit der Ansporn zu weiteren Auswanderungen und zur Gründung neuer Kolonien. Die schnelle Verbreitung der Polynesier über die Südsee hatte dazu eine Gleichartigkeit der Kultur bewirkt, so daß keine Gegenpole mehr da waren, die zu einem Ausgleich, zu einer gegenseitigen Beeinflussung der Kultur der einzelnen Inselgruppen, mit anderen Worten zu der Aufrechterhaltung der überseeischen Beziehungen gedrängt hätten.

Von nun an fehlte der Zustrom frischen polynesischen Blutes und neuer Kräfte. Ganz unabhängig von den Tropen ging die Besiedlung Neuseelands weiter.

Doch der für die Polynesier so charakteristische Drang in die Weite und die ungemein starke Expansivkraft, welche die Maori schon als „Seenomaden" bewiesen hatten, kennzeichnen auch die ganze Periode der Isolierung bis zum Beginne der europäischen Invasion. Dazu kam die stete Zunahme der Bevölkerung, besonders in

den nördlichen subtropischen Provinzen, die in der Folge-
zeit die wechselreiche Geschichte, all die Wanderbewegungen dieser Periode auf Neuseeland verursacht hat.

Auf Grund der Tradition kann man große Südwärts-
bewegungen über ganz Neuseeland hin verfolgen, die
in der Toiperiode beginnen und bis in das 19. Jahrhundert reichen. Erst hatte die Südwärtsbewegung den Charakter friedlicher Kolonisation der südlichen N-Insel von
der Plenty-Bai aus. Das kommt in den Überlieferungen
von der Abwanderung eines Teiles des Toivolkes vor der
Ankunft der großen Flotte nach dem Nicholson-Hafen
deutlich zum Ausdruck (PS 26: 153—163).

Später aber war sie eine Folgeerscheinung der Übervölkerung, die schwächere Stämme zur Abwanderung
aus dem warmen Norden zwang und nach Süden ab-
drängte. Die Bezeichnung Übervölkerung ist nicht ganz
zutreffend. Der Eindruck einer Übervölkerung ward
lediglich durch nachteilige Auswirkung des Kolonisations-
systems der Maori erweckt, indem jeder Stamm zu weiten
Raum brauchte. Aus Angst vor der wirklichen Übervölkerung begann ein dauernder Kampf um Siedlungsraum. Je weiter die Besiedlung vorwärts schritt, je mehr
die Bevölkerung anwuchs, desto ernsthafter wurde der
Kampf, der sich bald auf N- und S-Insel erstreckte. Die
nördliche N-Insel war ein einziger Kriegsschauplatz. Denn
hier lagen die günstigsten, viel umstrittenen Siedlungsprovinzen, die Insel-Bai, die Aucklandzone und die Plenty-
Bai, hier die besten Anbaugebiete für die Kumara, den
Yams und Taro (91). Macht ging vor Recht. Der Schwächere mußte Verzicht leisten und von dem fruchtbaren
Norden nach dem rauhen Süden weichen, d. h. er mußte
sich durchkämpfen, denn freies, unbesetztes Land gab es
nicht mehr. So kann man an Hand der Tradition die
Wanderung vieler Stämme von Auckland oder von der
Plenty-Bai bis an die Cook-Straße verfolgen, an der sich
die Völkermassen stauten (PS 10: 132 ff.; PS 26: 149—163;
PS 27: 57 ff.). Erst waren es vor allem Stämme, an deren
rassenmäßiger Zusammensetzung die Maruiwi einen be-

trächtlichen Anteil hatten, bald aber drängten auch verhältnismäßig reine Maoristämme nach. Der Widerstand der im Süden ansässigen Stämme, nicht zuletzt aber der natürliche Drang nach dem warmen Norden, bedingte andererseits eine Gegenbewegung, eine Nordwärtsbewegung, die man mit dem Äquatorwärtsdrängen der Japaner vergleichen kann, in denen ebenfalls tropisch-malaiisches Blut fließt. Es leuchtet ein, daß durch diese beiden entgegengesetzten Bewegungen die Stämme aufeinanderprallten.

Die Cook-Straße bildete trotz ihrer geringen Breite eine Schranke, über welche der Maori nicht gern hinausging. Wohl hatte er auf kriegerischen Expeditionen und Forschungsfahrten nach dem Süden, z. B. um in Westland Punamu zu holen (PS 17: 59/61), die Cook-Straße oft überquert. Aber gerade dabei hatte er die ungünstigen Siedlungsbedingungen der S-Insel gegenüber der N-Insel kennengelernt.

Doch der Druck von Norden war zu heftig und außerdem die Natur des südöstlichen Zipfels der N-Insel keineswegs dazu angetan, eine zahlreiche, angestaute Bevölkerung zu erhalten. Eine Auswandererwelle nach der anderen schlug, dem Druck von Norden nachgebend, zur S-Insel über. Nur Splitter der verschiedenen Stämme blieben in der Wellington-Provinz zurück (TP 10: 57 ff.; PS 24: 98 ff.). Soweit die Tradition der Maori zurückgeht, ist die S-Insel von der N-Insel aus kolonisiert und besiedelt worden. Jedoch erhielt sich nur ein kleiner Teil der Einwanderer auf der S-Insel. Es ist charakteristisch für die Geschichte der S-Insel, daß jeder nach der S-Insel übergesiedelter Stamm von dem nächstfolgenden vernichtet oder weiter nach Süden bis in das Fjordgebiet und auf die Stewart-Insel, dem südlichsten Punkte der neuseeländischen Oekumene überhaupt, vertrieben wurde. Deshalb entsprach die dünne Besiedlung der S-Insel zu Cooks Zeiten in keiner Weise den zahlreichen Einwanderungen in den letzten vier bis sechs voreuropäischen Jahrhunderten. Sobald ein Stamm längere Zeit — mitunter nur zwei oder drei Generationen — auf der S-Insel sich niedergelassen hatte, war seine Widerstandskraft bereits so geschwächt, daß er sich gegen Neuankömmlinge von der N-Insel nicht behaupten konnte, bis schließlich auch diesen durch neue Zuwanderer dasselbe Schicksal beschieden war.

Dabei mag es zu der schon erwähnten „Entmischung" polynesisch-melanesischer Auswanderergruppen, zu der Abstoßung der melanesischen Elemente in Rasse und Kultur gekommen sein.

Die Abwanderung der einzelnen Stämme ist aber nicht als ein einmaliger Prozess zu verstehen, sondern als ein allmähliches, zuweilen beschleunigtes Vorwärtsschieben, das mit vielen Kämpfen verbunden war und sich über Generationen und Jahrhunderte erstrecken konnte (91: 40). Es war ein stetes, etappenweises Nachrücken nördlicher Stämme nach Süden, die nach jeder Etappe die südlichen Stämme ebenfalls je eine Etappe vorwärts in südlicher Richtung schoben. Man kann die Südwärtsverschiebung der Maoristämme in gewissem Sinne mit einer „longitudinalen Wellenbewegung" vergleichen. Die Stoßkraft ging vom Norden aus, die Wanderwellen bewegten sich nach Süden, wurden aber immer schwächer und stauten sich schließlich im Süden der S-Insel und auf der Stewart-Insel. Doch war diese Stauung von viel geringerem Ausmaße als am Südostende der N-Insel. Denn nur ein kleiner Rest bestand den dauernden Existenzkampf gegen Feind und Natur bis zur letzten Etappe der Südwärtsbewegung.

Bezeichnend für die schnelle Dekadenz der Maori nach der Übersiedlung von der N-Insel auf die S-Insel ist das von Forster gegebene Beispiel des Häuptlings Teiratu, der im Winter 1773 mit ungefähr 90 Stammesmitgliedern in mehreren Kanus von der Ostküste der N-Insel nach dem Queen-Charlotte-Sunde auswanderte, innerhalb weniger Monate aber vom „Redner und Befehlshaber zu dem Stande eines gemeinen Fischkrämers" herabsank (42 II: 373).

Leider werden wir über die Rolle, welche die Waimea-

Ebene bei der großen Südwärtsbewegung spielte, weder durch die Tradition noch durch die Beobachtungen eines Europäers orientiert. Die hohe Grabstockbaukultur, welche sich einst hier herausbildete, läßt auf eine ehemalige, dichte Besiedlung und wohl auch auf eine längere ruhige Entwicklung schließen.

Die Kultur Kaiapois in der Canterbury-Ebene scheint erst eine spätere Schöpfung (um 1700) zu sein und auf eine direkte Einwanderung einer Maoribevölkerung mit fortgeschrittener Gartenkultur von der N-Insel zurückzugehen (38: 398).

Durch den direkten Einfluß der gegenüberliegenden N-Insel, d. h. durch den Einfluß der Gegenküste, war zweifellos der Nordteil der S-Insel im Vergleiche zur südlichen Hälfte und zu Westland immerhin begünstigt.

Trotzdem aber bedeutete die Übersiedlung nach der S-Insel für die Maori die gewagteste Etappe. Bald folgten mächtigere Scharen nach, die ihnen den Siedlungsraum im Norden der S-Insel streitig machten.

So haben wir es in ein und demselben Siedlungsgebiet mit einem vielfachen Wechsel der Stämme und der Stammeszugehörigkeit der Maoribevölkerung zu tun (PS 10: 132 ff.).

Doch war dieser Wechsel nicht unbedingt mit Kämpfen verbunden; zuweilen geht er friedlich von statten. Der in der Kolonisation erfahrene Maori wußte sehr wohl Bescheid über die Ursachen, die Naturnotwendigkeit und die weitere Auswirkung der Südwärtsbewegung. Wir erfahren z. B. aus der Tradition, daß sich die von Norden nachrückenden Ngati-kahungunu das Siedlungsrecht im Wellingtondistrikt im Wairarapatal erwarben, indem sie an die hier ansässigen Rangitane ihre Kanus auslieferten, in denen sie von der Poverty-Bai an der Ostküste ausgewandert waren. Die Rangitane gaben ihr Land kampflos hin; denn sie fühlten, daß sie dem Drucke von Norden nicht mehr gewachsen waren und wanderten nach der S-Insel aus. Das mag um 1600 gewesen sein (PS 27: 12; PS 13: 159/60).

Dieses Beispiel gibt uns zugleich einen Anhaltspunkt für die Frage, auf welchen Wegen die Wanderbewegungen vor sich gingen. Die Kahungunu kamen von der Poverty-Bai in Kanus, also auf dem Seewege die Küste entlang nach der Cook-Straße. Auch von anderen Stämmen wissen wir, daß sie ihre Wanderungen und Expeditionen meist zur See machten (PS 8: 144). Das waren Stämme, deren Schiffahrt hoch entwickelt war.

Oft zwangen aber die natürlichen Verhältnisse, z. B. die Weststürme an der Westküste, den Landweg einzuschlagen (PS 8: 144 f.). Diese Umstände haben an der Taranakiküste, auf der die große Heerstraße hinführte, zu der Anlage mächtiger Pa Anlaß gegeben, zum Schutze gegen süd- und nordwärts drängende Völkerschaften. Die weiten, stillen Meeresbuchten an der Ost- und Nordostküste waren dagegen viel vorteilhafter als die Landwege (PS 8: 145).

Eine mehrfach gewählte Zugstraße, die von der Natur geradezu vorgezeichnet ist, ging an den der Ostküste parallelen Ketten des Grundgebirges (Ruahine-, Tararua-Kette) entlang nach der Cook-Straße zu, im Tale des Wairarapa, durch das sich bis in europäische Zeiten hinein Völkerströme ergossen haben (PS 10: 116).

Die Periode der Isolierung erweckt in uns den Eindruck einer außerordentlich bewegten Zeit. Doch dürfen wir uns durch die Tradition der Maori, in der die Stammeskriege besonders viel Raum einnehmen, nicht zu der Ansicht verleiten lassen, daß es überhaupt keine Ruheperioden in der Geschichte des alten Neuseelands gegeben habe. Wie die bewunderungswürdigen Festungen mit allen ihren Verteidigungswerken ein Abbild sind von den zahllosen, blutigen Kriegen, die seit Jahrhunderten unter den Maoristämmen ausgefochten worden sind, so sind auf der anderen Seite die glänzenden Kulturleistungen der Maori im Grabstockbau und in der Kunst die Zeugen einer wenigstens periodisch ruhigen Entwicklung. Wir hatten ja auch gesehen, daß sich selbst für Cooks Zeiten weitgehende friedliche Beziehungen zwischen den Stämmen und darüber hinaus zwischen den einzelnen Siedlungsprovinzen feststellen ließen, und daß sogar ein reger Handelsverkehr zwischen der N- und S-Insel stattfand.

D. Schlußbetrachtung:

Die Kulturleistung der Maori.

Die Betrachtung der Besiedlung des alten Neuseeland hat die innigen Wechselbeziehungen zwischen den Maori und der Natur Neuseelands veranschaulicht.

Die Einwanderung der Maori in Neuseeland hatte einen Wechsel des Natur- und Kulturmilieus zur Folge. Von seiner tropischen Heimat brachte der Maori seine polynesische Kultur und eine bestimmte biologische Konstitution mit, d. h. auf der einen Seite bestimmte Kulturgüter wie Schiffahrt und Grabstockbau, auf der anderen Seite aber bestimmte Bedürfnisse, die dem bisherigen Leben in den Tropen entsprachen. Die Lebensbedingungen in dem neuen Siedlungsraume, in der neuen „geographischen Provinz" waren weit ungünstiger. Bezeichnend hierfür ist die Bemerkung eines Bora-bora-insulaners, den Cook auf seiner zweiten Weltreise mit nach Neuseeland genommen hatte. „Er bemerkte ganz richtig," schreibt F o r s t e r, „daß die Neuseeländer weit übler daran wären, als die Bewohner der tropischen Inseln, und wenn er uns vergleichsweise die Vorteile herrechnete, welche diese vor jenen voraus hätten, so unterließ er niemals sie deshalb herzlich zu bedauern. Wie ernstlich er es hierin meinte, das zeigte er auch bei allen Gelegenheiten durch die Tat" (421: 380).

In der Weise nun, wie sich der Maori mit den neuen Verhältnissen abfand, äußert sich die Kulturfähigkeit, die Vitalität des Maorivolkes, die ihrerseits den Gang der Besiedlung im alten Neuseeland bestimmt hat.

Die Entwicklungsmöglichkeiten, die ein Land dem Menschen gewährt, sind bei einem Naturvolke ganz andere wie bei einem Kulturvolke. Die Bevölkerungszahl von 100—200000 mag für ein Land von der Größe Italiens gering erscheinen. Ein Vergleich der wilden Urlandschaft Neuseelands mit der neolithischen, polynesischen Kultur der Maori stellt aber diese Zahl in ein ganz anderes Licht.

Jedem Volke ist durch seine Erdgebundenheit der geschichtliche, kulturelle Werdegang, soweit er nicht durch die rassige Anlage des Menschen bestimmt ist, von der Natur vorgezeichnet. Die Initiative zur Entwicklung muß jedoch der Mensch selber geben. Der Maori gab sie, indem er tropische Kulturpflanzen in Neuseeland einführte und anbaute. Er erkannte die Fruchtbarkeit des neuseeländischen Bodens, er verstand, diesen reichen Schatz der Natur zu seinem Nutzen zu verwerten. Mehrfach kehrt in der Tradition wieder, wie die Häuptlinge der Einwandererkanus gleich nach der Landung ein Stück Erde aufheben, es in der Hand zerbröckeln und an dem Erdgeruche die Eignung des Bodens zum Anbau erkennen (PS 22: 128).

Die Einführung von Kumara, Yams und Taro gelang dem Maori, d. h. die Übertragung des tropischen Gemüsegartens. Doch machten die klimatischen Verhältnisse den Kolonisationsplan der Maori-Polynesier zunichte, auch den tropischen Obstgarten nach Neuseeland zu verpflanzen; wäre dem Maori das geglückt, so wäre sein Einfluß auf die Landschaft und damit auf die Dichte der Besiedlung noch viel gewaltiger gewesen.

Der Maori mußte also durch Spezialisierung auf intensiven Anbau jener Gemüsepflanzen sein Nahrungsbedürfnis befriedigen. Das kostete viel mühselige Kulturarbeit. Denn die Urbarmachung der neuseeländischen Urlandschaft, besonders des Urwaldes mit seinen Baumriesen, war wegen des immerfeuchten Klimas für die steinzeitlichen Maori mit großen Schwierigkeiten verbunden (TP 35: 14 f.). Nur in ausnahmsweise trockenen Jahreszeiten ließ sich der Wald durch Feuer vernichten. Aber auch nach der Rodung brauchten die Kulturpflanzen die sorgfältigste Pflege. Mit feinem Sande und mit Holzasche mußte der Boden verbessert werden. Den Göttern wurden Opfer dargebracht, damit sie nicht das „Mana", die Lebenskraft, der Kumara nähmen, und diese wie der Papiermaulbeerbaum und die Kokospalme eingänge.

Darwin, der Neuseeland selbst bereist hat, behauptet zwar, daß allein Farn genug in Neuseeland da war, um eine zahlreiche Bevölkerung zu erhalten (27 II: 198). Das ist aber nur bedingt richtig. Das Beispiel der Maori der S-Insel und der Moriori der Chathaminseln zeigt doch deutlich genug, daß der Zwang zur Sammelkultur naturnotwendig eine dünne Besiedlung und kulturelle, zum Teil auch rassenmäßige Dekadenzerscheinungen bewirkte.

Außer der wirtschaftlichen Umstellung im Grabstockbau sah sich der Maori durch das kältere Klima gezwungen, feste Häuser mit Seitenwänden, die in den Tropen überflüssig waren, zu bauen, sich warme Matten und Kleidung zu schaffen und zwar aus anderem Material als auf den tropischen Inseln. Die stärkere Ausprägung der Jahreszeiten in Neuseeland nötigte zur Fürsorge für den Winter, zum Bau besonderer, gegen Feuchtigkeit geschützter Vorratshäuser. Damit aber noch nicht genug. Gegen das eigene Volk, gegen feindliche Stämme, auf deren Überfall er jeden Augenblick gefaßt sein mußte, suchte der Maori sich zu wehren und zu schützen durch die Verschanzungen. Was er auf diesem Gebiete leistete, bezeugen die alten Reisebeschreibungen, in denen er als ein ganz hervorragender „Ingenieur" gerühmt wird (21 II: 337).

In den Maori haben wir ein Beispiel dafür, daß gerade bis zu einem gewissen Grade ungünstige Naturverhältnisse kulturanregend und kulturfördernd wirken. Sie lassen den Menschen körperlich und geistig nie ruhen, sondern zwingen ihn, zu denken und nach den latenten Schätzen der Natur zu suchen und fordern ihn zu immer größeren Leistungen heraus. Nur dann, wenn das Maß der Ungunst der natürlichen Verhältnisse das Leistungsvermögen der Rasse überschreitet, kommt es zur Dekadenz, zum Kulturverfall, wie eben auf den Chathaminseln, wo die furchtsamen, unkriegerischen Moriori 1855 den kulturell überlegenen Maori, die von Neuseeland — und zwar auf einem europäischen Schiffe — damals auswanderten, fast restlos zum Opfer fielen.

Treffend ist das Urteil v. Hochstetters über die Maori: „Die Eingebornen von Neuseeland sind der bedeutendste Stamm der polynesischen Rasse nicht bloß der Zahl, sondern auch der körperlichen und geistigen Begabung nach. Das gemäßigte Klima Neuseelands, seine bedeutende Größe im Vergleich zu den übrigen Inseln Polynesiens, seine mannigfaltige Bodengestaltung, die Art der Nahrung und vor allem die Notwendigkeit der Arbeit in einem von der Natur für ein beschauliches und idyllisches Genußleben sehr kärglich ausgestatteten Lande, — alle diese Momente mögen dazu beigetragen haben, die natürlichen Anlagen der polynesischen Rasse auf Neuseeland bis zu dem Grade von Spannkraft zu entwickeln, dessen die Rasse überhaupt fähig ist" (57: 47).

Ganz anders lautet das Urteil von Anderson, des Schiffsarztes von Cook, über die Tahiti-Insulaner, die er als „indolent, glatt und ausgestopft" schildert und deren Weichlichkeit er auf den Mangel schwerer Arbeit zurückführt (23 II: 329).

Die gänzliche Umwertung der Arbeit bei den Maori nach der Umsiedlung von den Tropen in subtropisch-gemäßigte Breiten[1]) zeigt sich besonders deutlich in der bei den meisten Stämmen durchgeführten Arbeitsorganisation im Hapu und in der systematischen Erziehung zur Arbeit in den Schulen.

Es ist sehr bezeichnend, daß von allen Südseeinseln die Hawaiigruppe in anthropogeographischer Hinsicht Neuseeland am verwandtesten ist, also Inseln, die nächst Neuseeland am weitesten vom Äquator entfernt liegen (PS 7: 169). Schon auf Cooks Reisen wurde die Beob-

[1]) Auf dieses Moment hat besonders S. Passarge in seiner Vergleichenden Landschaftskunde (Heft 5: Der Mensch im heißen Gürtel. Berlin 1930. S. 198/99) hingewiesen.

achtung gemacht, daß hier die Kokospalme schlechter fortkommt, und daß die Eingeborenen deshalb einen viel intensiveren Anbau von Gemüsepflanzen, besonders der süßen Kartoffel und des Taro, betrieben als auf den äquatorialen Südseeinseln. Die Gartenkultur auf den vulkanischen Steinwüsten Hawaiis ähnelte ganz und gar derjenigen in der Auckland- und Taiamaizone Neuseelands (23 III: 395 ff.). Je weiter wir uns von den eigentlichen tropischen Inseln nach Norden und Süden entfernen, desto mehr muß sich der Eingeborene das, was ihm die Natur weniger bietet, durch Kulturarbeit schaffen.

Als eine Dekadenzerscheinung ist bei den Maori oft der Kannibalismus angesehen worden, den selbst Lendenfeld noch als eine Folge des Aussterbens der Moavögel betrachtet (65: 162/3). Diese Auffassung kann heute als überwunden gelten. Es ist allerdings möglich, daß der Kannibalismus in früherer Zeit allen Polynesiern bekannt war und allgemein auf der Südsee eine Ursache in dem Mangel an Jagdwild hat, also keine spezifisch neuseeländische Erscheinung ist. Es mag auch sein, daß der Kannibalismus der Maori auf besonders starke Berührung der Maori mit Melanesiern zurückgeht, bei denen der Kannibalismus zuweilen krasse Formen annahm (41 I: 131). Doch diente er nicht der Sättigung des Fleischhungers (97: 84), entsprach vielmehr dem Glauben der Maori, daß mit dem Körper zugleich die Kraft und Tapferkeit des Feindes auf den Verzehrer übergänge (69: 55). Die Maorifrauen waren keine Kannibalen; für sie war Menschenfleisch tabu (97: 84/5).

Was schließlich die dauernden Kriege und Fehden der Maoristämme anbelangt, so sind sie im Grunde doch eine Naturnotwendigkeit gewesen. Sie taten bei der Zersplitterung der Maoribevölkerung der Überbevölkerung Einhalt und trafen eine strenge Auswahl unter dem Menschenmaterial; unter diesem Gesichtspunkt betrachtet, haben sie bis zu einem gewissen Grade Rasse und Kultur gefördert. Ein Vergleich zwischen Maori und Moriori läßt keinen Zweifel darüber.

Wir müssen uns dem Urteile v. Hochstetters anschließen, wenn wir noch einmal die Kulturlandschaft des
alten Neuseeland mit den reizenden Gärten und den gewaltigen Pa an unseren Augen vorüberziehen lassen,
wenn wir in den Gegensatz dazu die wilde Naturlandschaft stellen und gewissermaßen jeden Stich mit dem
hölzernen Grabstock, jeden Hieb mit der steinernen Axt
bedenken, der zur Umgestaltung der Ur- in die Kulturlandschaft notwendig war.

Von dieser Wertschätzung der Maori und ihrer alten
Kultur darf uns nicht ihr Zustand von heute abbringen.
Angesichts der überlegenen Kultur der Europäer hat der
Maori nach langem, heldenhaften Kampfe sein stolzes
Selbstgefühl, seinen starken Willen, sich gegen alle Ein-
wirkungen von außen zu behaupten, längst aufgegeben.
Pessimistisch sagt er heute:

Wie der weiße Klee unseren Farn verdrängt hat,

so wird der Pakeha (Weiße) bald uns vernichtet haben.

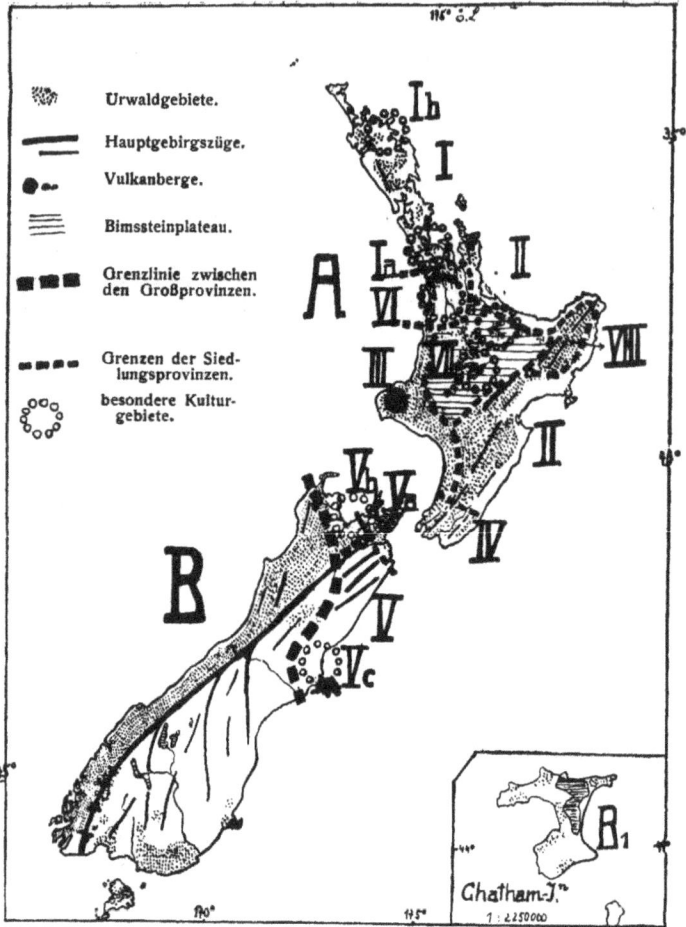

Physikalisch-anthropogeographische Skizze von Neuseeland. 1 : 9000000

Siedlungsprovinzen: A, B: nördliche, südliche Großprovinz.

I: N-Auckland-provinz	III: Taranaki-provinz.	V c: Kaiapoi.
I a: Isthmusgebiet	IV: Wellington-provinz.	VI: Waikato-provinz.
I b: Taiamai-Inselbai-provinz	V. N-provinz. d. S-Insel.	VII: Taupo- u. Seendistrikt.
II: Siedlungsprov. der Ost-	V a: Sundgebiet	VIII: Tuhoe-provinz.
Küste.		
(Plenty-, Hawke-Bài.)	V b: Waimea-zone.	B 1: Chatham-Inseln.

Literaturverzeichnis.

a) Spezialzeitschriften:

1. TP 1 ff. = Transactions and Proceedings of the New Zealand Institute, von Bd. 1 (1868) an.
2. PS 1 ff. = Journal of the Polynesian Society, von Bd. 1 (1892) an.

b) Bücher, Artikel aus anderen Zeitschriften:

1. Andersen, J. G.: Maori Life in Aotea. N. Z. 1907.
2. —: Jubilee History of South Canterbury. N. Z. 1916.
3. Angas, G. F.: Savage Life and Scenes in Australia and N. Z., Vol. I, II. London 1847.
4. Baessler, A.: Südseebilder. Berlin 1895.
5. Banks, J.: Journal of . . . 1768—1771. Ed. by D. Hooker, London 1896.
6. Bell, J. M.: The Wilds of Maoriland. London 1914.
7. Best, E.: Maori Storehouses . . . Dominium Museum Publications. Bulletin No. 5. Wellington 1916.
8. —: Polynesian Navigators. Geogr. Review 1918 (V), Teil 1. S. 169—182.
9. —: Polynesian Voyagers. Dominium Museum Monographs No. 5. Wellington 1923.
10. —: The Maoris. Vol. I, II. Wellington 1924.
11. —: The Maori as he was. Wellington 1924.
12. —: The Maori Gystem of Agriculture. Dom. Mus. Public. No. 9. 1925.
13. —: The Pa Maori. Wellington 1927.
14. Brun, W. von: Die Wirtschaftsorganisation der Maori auf Neuseeland. Leipzig 1912.
15. Brunner, Th.: Journal of an Expedition to explore the interior of the Middle Island of N. Z. Journal of the Royal Geogr. Soc. 1851. Vol. 20. S. 344 ff.
16. Buck, P. H. (Te Rangi Hiroa): The Coming of the Maori. 1927. Cawthron Lectures Vol. II. S. 17—56.
17. Buller, J.: Forty Years in N. Z. London 1878.

18. Christian, F. W.: Story of the Kumara. N. Z. Journal of Science and Technology. Vol. 6. S. 152/3.

19. Churchill, W.: The Polynesian Wanderings. Wellington 1911.

20. Cockayne, L.: The Vegetation of N. Z. Leipzig 1928. 2. Aufl.

21. Cook, J.: Erste Reise 1768/1771. hrsg. von J. Hawkesworth. Übers. von J. Fr. Schiller. Bd. I, II, III. Berlin 1774.

22. —: Zweite Reise. A voyage towards the South Pole, and round the world. 1772—1775. Vol. I, II. London 1777.

23. —: Dritte Entdeckungsreise in die Südsee 1776—1780 übers. von G. Forster. Berlin 1789. 4 Bde.

24. Cowan, J.: Maoris of N. Z. Christchurch 1910.

25. Crozet's Voyage to Tasmania, N. Z. . . . 1771/2. Translated by H. Ling Roth. London 1891.

25a. Crozet: Neue Reise durch die Südsee, 1771/2 . . ., aus den Tagebüchern der Schiffe zusammengetragen von Crozet. Aus dem Französischen übersetzt. Leipzig 1783.

26. Cruise, R. A.: Journal of a Ten Month's Residence in N. Z. 2. ed. London 1824.

27. Darwin's Naturwissenschaftliche Reisen. Deutsch von E. Dieffenbach. 2. Teil, S. 190—207. Braunschweig 1844.

28. Dieffenbach, E.: An account of the Chatham Islands. Journal of the Royal Geogr. Soc. 1841. Vol. 11. S. 195 ff.

29. —: Travels in N. Z. Vol. I, II. London 1841.

30. Diels, L.: Vegetationsbiologie von Neuseeland. Diss. in Englers Botanischen Jahrbüchern. Bd. 22 (1897).

31. —: Über die Vegetationsverhältnisse Neuseelands. Ebenda. Bd. 34. Beiblatt 79. S. 202—300.

32. Dixon, R. B.: The Racial History of Man. New York, London 1923.

33. Donne, T. E.: The Maori: Past & Present. London 1927.

34. Dumont d'Urville, J.: Voyage de la corvette, l'Astrolabe, 1826 bis 1829. Vol. 5. Paris 1830.

35. Earle, A.: Begegnisse und Beobachtungen eines engl. Malers auf Tristan d'Acunha und Neuseeland. Hoffmanns Jahrbuch der Reisen. 1. Jahrgang (1833).

36. Ellis, W.: Polynesian Researches . . . Vol. I, II. London 1829.

37. Feska, M.: Der Pflanzenanbau in den Tropen und Subtropen. Bd. 1. Berlin 1904.

38. Firth, R.: Primitive Economics of the N. Z. Maori. London 1929.

39. Fischer, H.: Über die Nephritindustrie der Maoris. Archiv für Anthropologie. Bd. 15. (1884). S. 463 ff.

40. Forde, C. D.: Ancient Mariners. London 1927.

41. Fornander, A.: An account of the Polynesian Race. ... Vol. I, II, III. 1878—1885.
42. Forster, J. R.: Reise um die Welt. 1772—1775. Hrsg. von G. Forster. Bd. I, II. Berlin 1778.
43. Friederici, G.: Malaiopolynesische Wanderungen. Leipzig 1914.
44. —: Die vorkolumbischen Verbindungen der Südseevölker mit Amerika. Mitteilungen aus den deutschen Schutzgebieten. Bd. 36. 1928/29. S. 27 ff.
45. Geisler, W.: Australien und Ozeanien. Länderkunde von Sievers. Leipzig 1930.
46. Grey, G.: Polynesian Mythology and Ancient Traditions of The N. Z. Race. London 1855.
47. Gudgeon, T. W.: The History and Doings of the Maoris. Auckland 1855.
48. Haast, J. von: Geology of Canterbury and Westland, N. Z. Christchurch 1879.
49. Hahn, E.: Von der Hacke zum Pflug. Leipzig 1914.
50. —: Die neue Karte der Wirtschaftsformen. Mitteilungen der anthropologischen Gesellschaft in Wien. 1926/27. S. 98 f.
51. Hammond, T. G.: The Story of Aotea. Christchurch 1924.
52. Hassert, K.: Australien und Neuseeland. Gotha 1924.
53. Heim, A.: Neuseeland. Zürich 1905.
54. Herbert, A. St.: The Hot Springs of N. Z. London 1921.
55. Herz, M.: Das heutige Neuseeland. Berlin 1909.
56. Hettner, A.: Der Gang der Kultur über die Erde. Leipzig 1929.
57. Hochstetter, F. von: Neuseeland. Stuttgart 1863.
58. —: Geologie von Neuseeland. Wien 1864.
59. Hocken, T. M.: Bibliography of the literature relating to N. Z. Wellington 1908. Fortgesetzt von Johnstone (s. 61).
60. Hutton, F. W., and Drummond, J.: The animals of N. Z. Christchurch 1905.
61. Johnstone, A. H.: Supplement to Hocken's Bibliography of N. Z. Literature. Whitcombe & Tombs 1927.
62. Jung, E.: Der Weltteil Australien. Abt. IV. Leipzig, Prag 1882/3.
63. Krämer, A.: Die Samoa-Inseln. 2 Bände. Stuttgart 1902/3.
64. Lehmann, Fr.: Mana, der Begriff des „Außerordentlich Wirkungsvollen" bei Südseevölkern. Leipzig 1922.
65. Lendenfeld, R. von: Australische Reise. 2. Aufl. Innsbruck 1896.
66. —: Neuseeland. Berlin 1900.
67. —: Der landschaftliche Charakter von Neuseeland. Geogr. Zeitschr. 1903. S. 241—253.
68. Maning: Old N. Z., a tale of the good old times. London 1884.
69. Mar Fr. Del: A Year among the Maoris. London 1924.

70. Marshall, P.: Geography of N. Z. 1. Aufl. 1905. 2. Aufl. 1914. Melbourne, London.

71. Meinicke, C. E.: Die Inseln des Stillen Ozeans. Bd. I. Leipzig 1875.

72. Mollison, Th.: Beitrag zur Kraniologie der Maori. Zeitschr. für Morphologie und Anthropologie 1908. S. 592 ff.

73. Newman, A. K.: Who are the Maoris? Christchurch 1912.

74. Nicholas, J. L.: Narrative of a Voyage to N. Z. (1814/15). London 1817. Vol. I, II.

75. Owen, R.: Memoirs on the Extinct Wingless Birds of N. Z. London 1879. Vol. I, II.

76. Pennefather, F. W.: Murray's Handbook for N. Z. London.

77. Perry, W. J.: The Children of the Sun. 2. ed. London 1927.

78. Polack, J. S.: Manners and Customs of the New Zealanders. London 1840. Vol. I, II.

79. Ratzel, Fr.: Anthropogeographie. Bd. I, II. Stuttgart 1882/91.

80. Reeves, W. P.: The Long White Cloud. 3. ed. London 1924.

81. Reischek, A.: Sterbende Welt. Leipzig 1924.

82. Rudolphi, H.: Die Bedeutung der Wasserscheide für den Landverkehr. Diss. Frankfurt 1911.

83. Rusden, G. W.: History of N. Z. 1. Band. Melbourne 1896.

84. Sapper, K.: Der Feldbau der mittelamerikanischen Indianer. Globus 1910. S. 8—10.

85. —: Einige Bemerkungen über primitiven Feldbau. Globus 1910. S. 345 ff.

86. Savage, J.: Some account of N. Z., particularly the Bay of Islands. London 1807.

87. Schirren, C.: Die Wandersagen der Neuseeländer und der Mauimythos. Riga 1856.

88. Shand, A.: The Moriori People of the Chatham Islands. Memoirs of the Polyn. Soc. II. Wellington 1911.

89. Shortland, E.: Traditions and Superstitions of the New Zealanders. London 1856.

90. Smith, P. S.: Hawaiki: the original home of the Maori, with a sketch of Polynesian History. London & Christchurch. 2. Aufl. 1904, 4. Aufl. 1921.

91. —: Peopling of the North. Journal of the Polyn. Society. Bd. 6. Anhang.

92. Stack, J. W.: Kaiapohia. Christchurch & Dunedin 1906.

93. Surville, J. Fr. de: Reise in das Südmeer 1769. Übersetzt von S. Forster. Magazin von merkwürdigen Reisebeschreibungen. Bd. 18. Wien 1793.

94. Taylor, R.: The Past & Present of N. Z. London 1868.

94 a. —: Te Ika a Maui or N. Z. and its inhabitants. 2. ed. London 1870.

95. Thomson, A. S.: The Story of N. Z. London 1859.
96. Thomson, G. M.: The Naturalisation of animals and plants in N. Z. Cambridge 1922.
97. Tregear, E.: The Maori Race. Wanganui 1904.
98. Vancouver, G.: A Voyage of Discovery to the North Pacific Ocean and round the World 1790—1795. 3 vols. London 1798.
99. Volz, W.: Beiträge zur Anthropologie der Südsee. Sonderdruck 1895. — (Erschienen im Archiv für Anthropologie Bd. 23.)
100. Weiß, B.: Mehr als 50 Jahre auf Chatham Island. Berlin 1901.
101. White, J.: The Ancient History of the Maori, his Mythology and Traditions. 4 vols. 1887/88.
102. Williamson, R. W.: The Social and Political Systems of Central Polynesia. 3 vols. Cambridge 1924.
103. Wilson, J. A.: The Story of Te Waharoa and Sketches of Ancient Maori Life and History. N. Z. 1906.
104. Yate, W.: An account of N. Z. and of the Formation of the Church. London 1835.

Arthur Berger
Neuseeland – Auf den Spuren der Maori
SEVERUS 2012 / 156 S. / 19,50 Euro
ISBN 978-3-86347-210-8

„Aotearoa" nennen die Maori Neuseeland, ihren Inselstaat, welcher auf eine kriegerische wie mystische Vergangenheit zurückblickt.

Auf seiner Reise vom Norden in den Süden entdeckt Arthur Berger Neuseelands außergewöhnliche Landschaft wie auch Kunst, Kultur und Volksbräuche seiner Eingeborenen. In seiner Anschaulichkeit gnadenlos berichtet der Forscher vom Kannibalismus, von blutigen Kriegen und von der Kolonialzeit.

Zahlreiche Fotografien der Maori wie auch der neuseeländischen Tier- und Pflanzenwelt lassen diese besondere Forschungsreise vor 80 Jahren für den Leser heute noch einmal lebendig werden.

www.severus-verlag.de

SEV**ERUS**
Verlag

Ebenfalls im SEVERUS Verlag erhältlich:

Robert von Lendenfeld
Neuseeland – Geschichte und Kultur um 1900
Nachdruck der Originalausgabe von 1902

SEVERUS 2012 / 184 S. / 29,50 Euro
ISBN 978-3-86347-215-3

Neuseeland um die Jahrhundertwende:

Robert von Lendenfeld entwirft ein umfassendes Bild des kleinen Inselstaates auf dem Weg ins 20. Jahrhundert. Neben geschichtlichen Daten und Fakten erfährt der Leser Wissenswertes über den geologischen Aufbau sowie über Handel und Verkehr der Nord- und Südinsel.

Anschaulich führt der Autor in Kultur und Geschichte der Maori ein und bereichert seinen Bericht durch zahlreiche Illustrationen und Photographien der heimischen Pflanzen- und Tierwelt sowie der verschiedenen Seen- und Fjordgebiete.

Als Zoologe und Forschungsreisender lebte und lehrte Robert Lendenfeld von 1881–1886 an verschiedenen Universitäten in Australien und Neuseeland.

Noch heute zeugt Mount Lendenfeld, Neuseelands sechsthöchster Berg, von Lendenfelds Begeisterung für Alpinismus und Bergsteigerei.

www.severus-verlag.de